KB064719

시니맘의 오늘도 완밥 유아식

초판 인쇄일 2022년 10월 11일
초판 발행일 2022년 10월 18일
9쇄 발행일 2024년 6월 11일

지은이 시니맘(박지혜)
발행인 박정모
등록번호 제9-295호
발행처 도서출판 혜지원
주소 (10881) 경기도 파주시 회동길 445-4(문발동 638) 302호
전화 031)955-9221~5 팩스 031)955-9220
홈페이지 www.hyejiwon.co.kr

기획·진행 김태호
디자인 김보리
영업마케팅 김준범, 서지영
ISBN 979-11-6764-025-3
정가 19,500원

시니맘의

오늘도 완밥 유아식

시니맘(박지혜) 지음

헤지견

프롤로그

제 인스타그램을 보는 많은 분들이 "저는 요리를 잘 알지 못하는데, 시니맘처럼 아이가 좋아하는 요리를 잘할 수 있을까 걱정이에요"라는 고민을 말씀하세요. 하지만 저 역시도 원래 요리를 전문적으로 하던 사람이 아니었어요. 저는 요리와는 거리가 먼 분야에서 일반 사무직으로 근무했었답니다. 유아식 기록도 거창한 목표를 가지고 시작한 것은 아니에요. 육아 휴직을 마치고 복직을 앞둔 시점에서 코로나19가 심해져 시은이를 어린이집에 보낼 수 없었어요. 복직 3일 전이 되어서야 사직서를 내고 가정보육을 하게 되었고, 그때부터 시은이의 식단 레시피를 공유하면서 시은이의 먹방을 매일 기록해왔어요.

15개월 때의 시은이의 모습을 보고 있자면, 그때는 식사를 거부하는 모습에 화가 치밀어 올랐던 적도 있었는데 지금은 그런 모습도 추억이 되어 귀엽기만 해요. 그렇게 안 먹던 아이가 지금은 잘 먹는 아이로 자랄 수 있다니 신기하기도 하고요.

이 책을 보시는 분들 중에는 아이가 밥을 잘 먹지 않아 고민이신 분들이 많을 거예요. 답답함에 '왜 우리 아이만 이렇게 잘 안 먹는 걸까?' 하는 생각이 드시겠죠. 하지만 이런 모습은 우리 집 아이만 그런 게 아니에요. 다른 집 아이도 대부분 잘 안 먹는 시기가 존재한답니다. 시은이도 지금은 비교적 잘 먹지만 예전에는 소위 말하는 밥태기로 인해 저를 힘들게 했었어요.

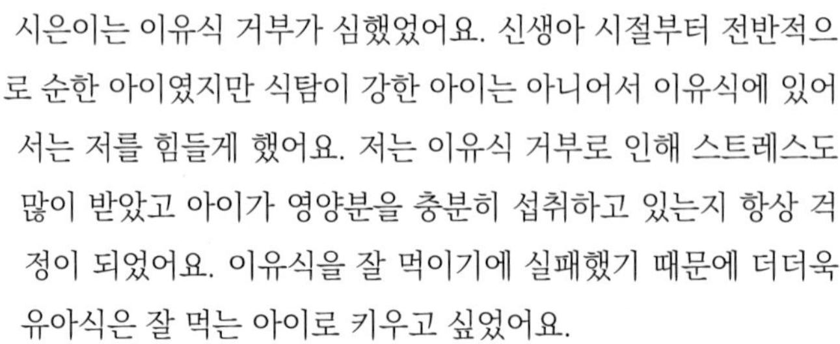

시은이는 이유식 거부가 심했었어요. 신생아 시절부터 전반적으로 순한 아이였지만 식탐이 강한 아이는 아니어서 이유식에 있어서는 저를 힘들게 했어요. 저는 이유식 거부로 인해 스트레스도 많이 받았고 아이가 영양분을 충분히 섭취하고 있는지 항상 걱정이 되었어요. 이유식을 잘 먹이기에 실패했기 때문에 더더욱 유아식은 잘 먹는 아이로 키우고 싶었어요.

이 책에는 식탐이 적고 잘 먹지 않는 시은이를 키우며, 어떻게 유아식을 잘 먹일까 고민하며 만들어낸 레시피들을 담았어요. 인스타그램에서 화제를 받았던 레시피와 책에서만 볼 수 있는 미공개 레시피까지 담았어요. 레시피를 공유하며 가장 중요하게 생각한 것은 요리하는 사람이 누구라도 쉽고 간단하게 할 수 있어야 한다는 점이에요. 아이의 편식 없는 식습관을 위해서는 아이가 어떤 걸 좋아하고 싫어하는지를 파악해야 해요. 때문에 다양하게 요리를 해야 하는데, 그러려면 요리 과정이 복잡하지 않고 간단해야 해요. 하물며 육아 하나만 하기도 바쁜데 여유롭게 요리할 시간이 어디에 있겠어요. 저의 레시피가 쉽고 간단한 이유입니다. 정말 간단한 요리라도 유아식을 처음 시작하는 분들도 쉽게 따라할 수 있도록 레시피를 구성하고 설명을 꼼꼼하게 달았답니다.

물론 아무리 좋은 재료로 누가 먹어도 맛있을 법한 요리를 해도 항상 잘 먹으리라는 보장은 없어요. 시은이도 마찬가지로 항상 똑같이 잘 먹지는 않아요. 빠르게 먹는 날, 느리게 먹는 날, 엄마의 인내심을 테스트하며 먹는 날 등 차이가 있어요. 하지만 한 가지 확실한 것은, 시은이는 점점 좋아졌다는 거예요. 먹이면 뱉어내고 고개를 절레절레 흔들던 시은이는 점점 좋아져서 지금은 새로운 식재료의 맛에 종종 호기심을 가지고 스스로 먹어보기도 해요. 낯선 식감의 음식들도 여러 번 시도하니 잘 먹게 되어서, 편식을 거의 안 하는 아이로 자랐어요. 자연스럽게 밥태기가 찾아오는 기간이 줄어들었고, 이 덕분인지는 몰라도 어린이집에 다녀도 감기나 잔병치레가 거의 없을 정도로 건강해요.

엄마의 노력은 아이를 변화시켜요. 22개월 간의 식단 기록을 통해 느낀 저의 경험담입니다. 포기하지 마시고 꾸준하게 시도해보세요. 오늘은 안 먹지만 내일은 먹을 수 있어요. 내일도 안 먹지만 그 다음날에는 먹을 수도 있어요. 아이의 식성도 크면서 변화해요. 안 먹는 음식이라고 단정짓지 말고 일정한 시간을 두고 시도해보세요.

육아휴직을 끝으로 워킹맘이 될 줄 알았던 저는 지금, 아무도 상상조차 하지 않았던 새로운 일을 하고 있어요. 코로나19라는 상황도 있었지만 잘 먹지 않는 아이에 대한 걱정이 특별한 기회가 되었던 것 같아요. 육아를 하다 보면 좋아하던 일을 포기해야 하는 순간도 찾아오죠. 하지만 반대로 자신의 흥미나 재능을 찾는 기회가 될 수도 있어요. 육아를 비롯해 많은 힘든 순간이 올 때, 좌절하지 않고 현재의 상황에 집중한다면 예상치 못한 좋은 기회가 분명히 찾아올 거예요. 그리고 무엇보다도, 소중한 아이를 위해 이 책을 보며 고민하고 있는 여러분은 그 자체로 훌륭한 부모라는 점을 기억하세요!

저자 시니맘(박지혜)

이 책의 구성

베스트 메뉴 표시

인기 만점 시니맘의 요리들 중 특히 많은 추천을 받은 요리를 선정해서 베스트 표시를 달았어요. 아이의 완밥을 보장해요.

엄마!
밥 또 주세요!

TIP

요리를 할 때 체크하면 좋은 점들을 Tip으로 수록했어요.

재료 표기

기준 양에 따른 재료의 용량(g)을 표기했어요. 용량을 꼭 지킬 필요는 없어요. 참고용으로만 활용하고, 만들고자 하는 양 및 아이의 선호도에 따라 자유롭게 조절해주세요.

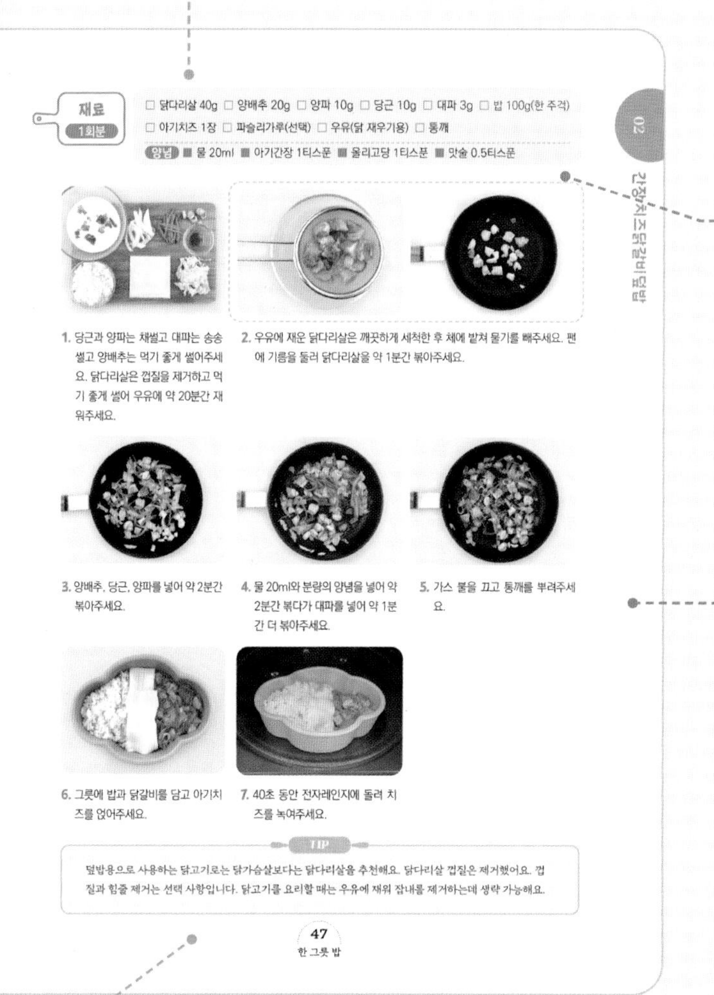

02 간장치즈닭갈비덮밥

재료 1회분

□ 닭다리살 40g □ 양배추 20g □ 양파 10g □ 당근 10g □ 대파 3g □ 밥 100g(한 주걱)
□ 아기치즈 1장 □ 파슬리가루(선택) □ 우유(닭 재우기용) □ 통깨

양념 ■ 물 20ml ■ 아기간장 1티스푼 ■ 올리고당 1티스푼 ■ 맛술 0.5티스푼

1. 당근과 양파는 채썰고 대파는 송송 썰고 양배추는 먹기 좋게 썰어주세요. 닭다리살은 껍질을 제거하고 먹기 좋게 썰어 우유에 약 20분간 재워주세요.
2. 우유에 재운 닭다리살은 깨끗하게 세척한 후 체에 밭쳐 물기를 빼주세요. 팬에 기름을 둘러 닭다리살을 약 1분간 볶아주세요.
3. 양배추, 당근, 양파를 넣어 약 2분간 볶아주세요.
4. 물 20ml와 분량의 양념을 넣어 약 2분간 볶다가 대파를 넣어 약 1분간 더 볶아주세요.
5. 가스 불을 끄고 통깨를 뿌려주세요.
6. 그릇에 밥과 닭갈비를 담고 아기치즈를 얹어주세요.
7. 40초 동안 전자레인지에 돌려 치즈를 녹여주세요.

TIP

덮밥용으로 사용하는 닭고기로는 닭가슴살보다는 닭다리살을 추천해요. 닭다리살 껍질은 제거했어요. 껍질과 힘줄 제거는 선택 사항입니다. 닭고기를 요리할 때는 우유에 재워 잡내를 제거하는데 생략 가능해요.

47
한 그릇 밥

양념 표기

양념으로 사용하는 재료의 용량을 표기했어요. 양념 역시 아이의 입맛과 연령에 따라서 자유롭게 조절해주세요. 저연령이라면 양념 조절에 더 신경을 쓰고 자극적일 수 있는 재료는 대체 재료로 바꿔주세요.

설명

과정별로 설명을 꼼꼼하게 기입했어요. 조리 시간은 각 주방의 상태에 따라 다르니 참고용으로 활용해주세요. 아이의 연령에 따라 재료의 입자를 달리 하거나 익힘 정도에 주의해주세요.

이 책을 이렇게 활용하세요!

1. 이 책에는 유아식 기본 반찬부터 인스타그램에서 후기가 좋았던 메뉴, 지금까지 공개하지 않았던 미공개 레시피까지 담았어요.
2. 책의 메뉴들은 유아식 시작 단계의 아이부터 50개월의 아이까지 먹을 수 있고, 간을 더 추가하면 어른도 먹을 수 있어요. 다만 개월 수가 적은 아이들의 경우 베이컨, 크래미 등은 다른 재료로 대체하고 마늘, 굴소스 등은 용량을 줄이거나 생략해도 좋아요.
3. 이 책의 레시피들은 시니맘의 인스타그램(@sini__love_)에 소개된 레시피를 기본으로 재편집했어요. 일부 차이가 있을 수 있지만 책을 중심으로 봐주시면 돼요.
4. 용량 및 조리 시간, 몇 회분을 먹을 수 있는지 표기했지만 아이의 개월 수에 따라 차이가 있을 수 있어요.
5. 식단표와 주재료별 요리 모음표를 활용하여 영양 만점의 식단을 제공해주세요.

목차

PART 1
한 그릇 밥

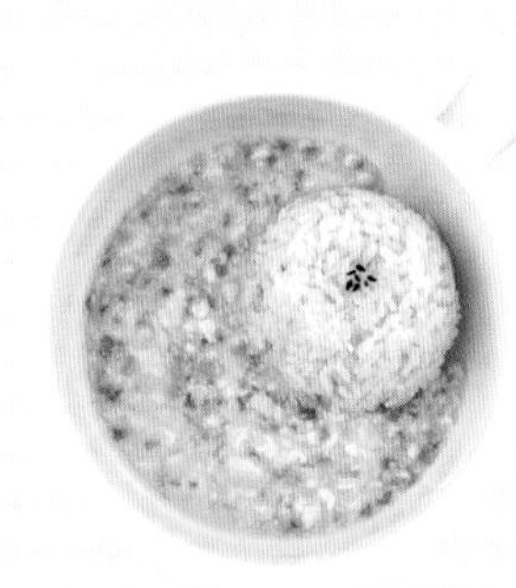

PART 2
수프와 국

PART 3
반찬

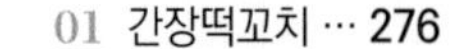

PART 4
간식

PART 5
한그릇 요리

PART 6
스페셜 요리

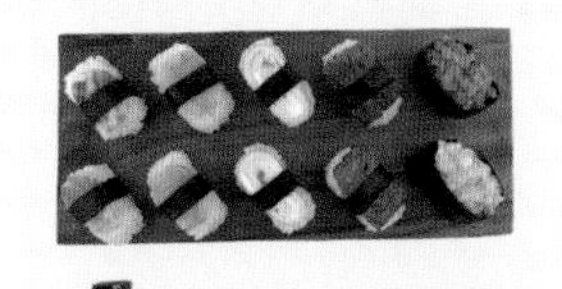

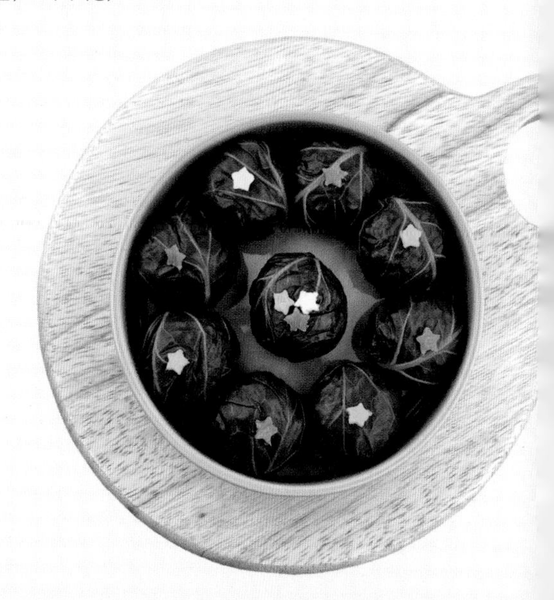

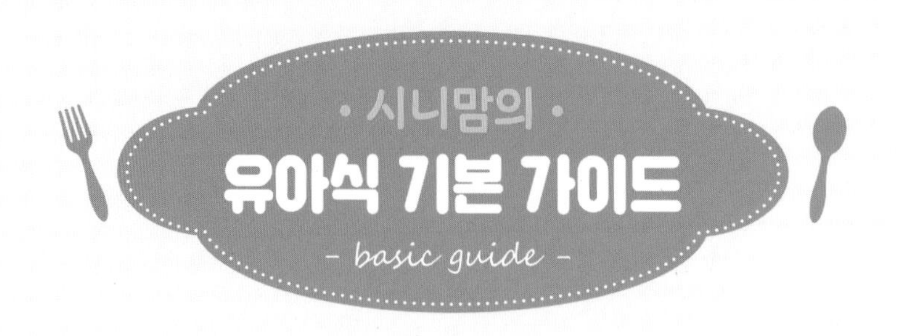

❶ 유아식은 언제부터 어떻게 시작하나요?

유아식은 초기, 중기, 후기를 거쳐 완료기의 이유식을 마친 아이가 본격적으로 다양한 식재료를 접하며 먹는 식사를 뜻해요. 보통 12~14개월 사이에 시작하는 것이 좋은데, 아이의 발달 상태와 이유식을 받아들이는 정도에 따라서 그 시기는 차이 날 수 있어요. 만약 아이가 어금니가 빨리 나거나 큰 식재료를 잘 씹고, 이유식의 농도와 입자에 거부감이 있다면 더 빨리 시작할 수 있어요.

공통적으로는 젓갈류나 장아찌 등 염장 식품은 물로 씻어내도 염분이 남아 있어 먹이지 않는 것이 좋고 생선회 등 날 음식도 먹이지 않는 것이 좋아요. 성장이 매우 빠르게 진행되어 철분 결핍으로 빈혈이 올 수 있어 철분이 풍부한 음식을 섭취하는 것이 좋아요.

유아식도 이유식처럼 초기, 중기, 후기, 완료기로 나눌 수 있어요. 시기별 특징을 간략하게 살펴보면 다음과 같아요.

유아식 초기

유아식 초기는 **이유식을 마치고 12~14개월 사이에 시작하는 유아식 첫 단계**예요. 식재료를 잘게 다져 만들고 무염이나 저염을 하는 것이 일반적입니다. 너무 딱딱하거나 뻑뻑한 음식류는 아이가 먹기에 부담스러울 수 있어요. 국물을 자작하게 하여 부드럽게 조리하거나 국물을 곁들여 식단을 구성하는 것이 좋아요.

피스타치오나 땅콩, 호두 등 견과류도 섭취할 수 있으나 소량으로 알레르기 테스트를 한 후에 먹이는 걸 추천드려요.

유아식 중기

유아식 중기는 **약 18~24개월에 접하는 유아식 단계**예요. 유아식 초기보다는 식재료의 입자를 크게 하고 간을 더 추가해서 조리해주는 것이 특징입니다. 꿀을 섭취할 수 있는 시기이지만(꿀은 보툴리누스균을 함유하고 있어 돌 전 영아에게 먹이면 근육마비를 일으킬 수 있어요. 이 균은 가열해도 죽지 않아서 아이에게 먹이면 식중독을 일으켜 사망에 이르게 할 수도 있어요. 일반적으로는 12개월 이후 섭취를 권장해요) 12개월이 지났다고 바로 먹이기 보다는 천천히(18개월 이후) 먹이는 것을 추천드려요.

유아식 후기

유아식 후기는 **약 25~36개월에 접하는 유아식 단계**예요. 중기보다 입자를 더 크게 해서 줄 수 있고, 간은 싱겁게 하더라도 어른이 먹는 식재료들로 식단을 구성할 수 있는 것이 특징입니다. 어금니가 있어 질긴 고기도 잘 씹을 수 있고 등갈비나 닭다리, 닭봉 등을 잡고 뜯을 수도 있어 다양한 형태의 육류를 사용할 수 있는 시기입니다. 꿀 사용도 자유롭고 잡곡이나 다양한 견과류를 섭취할 수 있어요.

유아식 완료기

유아식 완료기는 **약 37개월 이후부터** 접하는 유아식 단계예요. 입자가 어른용 음식과 비슷해지고 식재료에 대한 제한이 거의 없어져요. 하지만 매운맛은 주의해주세요. 아이마다 차이가 있지만 만 4~5세 무렵부터 조금씩 매운맛을 접하게 해주세요. 적당한 매운맛은 혈액순환을 촉진시켜 신진대사를 원활하게 하며 소화작용을 돕기도 해요. 하지만 매운맛을 섣부르게 시도하면 아이가 거부감을 크게 느낄 수 있으니 아이의 상태를 봐가며 매운맛의 강도를 서서히 늘려가거나 먹는 시기를 조절해주세요.

일반적으로는 24개월 이후에 가염식을 권장해요. 그러나 다양한 식단을 위해서는 무염식이 쉽지 않아요. 그래서 이 책에서는 아기용 조미료(간장, 소금, 된장 등)를 사용하여 저염식 식단을 구성했어요. 아기용 조미료는 어른용 조미료에 비해 덜 자극적이고 염분이 적어서 유아식 단계의 아이가 섭취하기에 부담이 적어요. 아기용 조미료 대신 어른용 조미료를 사용한다면 레시피보다 용량을 더 적게 넣어주세요.

② 유아식 단계별 적정 배식량

유아식 시기별로 필요한 기초 대사량을 토대로 적정 배식량을 산정했어요. 아이가 자랄수록 성장과 기초 대사에 요구되는 에너지 필요량은 감소하지만 활동에 요구되는 에너지 필요량이 증가하기 때문에 초기에서 완료기로 갈수록 섭취 권장량은 증가해요.

평균적으로 유아식 초기, 중기에는 1000kcal, 후기부터는 1400kcal(여아), 1500kcal(남아)의 에너지가 필요해요. 일일 기초 대사량 대비 필요한 배식량을 추정하여 적정 배식량 가이드를 첨부했어요. 영양적으로 균형 있게 적정량을 배식하여 우리 아이의 건강을 지켜주세요.

다음의 사진을 참고하여 유아식 단계별로 적정 배식량을 제공해주세요.

유아식 초기
(시작~17개월)

밥 80g
국 80ml
주찬 20g
부찬 및 김치류··· 20g

유아식 중기
(18~24개월)

밥 100g
국 100ml
주찬 30g
부찬 30g
김치류 10g

유아식 후기
(25~36개월)

밥 120g
국 120ml
주찬 40g
부찬 30g
김치류 20g

유아식 완료기
(37개월 이후)

밥 130g
국 150ml
주찬 50g
부찬 40g
김치류 20g

③ 육류, 해산물과 조미료 설명

소고기

소고기는 철분 함유량이 높아 아이들의 빈혈을 예방하기 위해서 엄마들이 신경 쓰는 식재료 중 하나예요. 15개월부터는 소고기를 하루에 50g 이상 섭취하는 것을 권장하고 있어 소고기를 포함하여 식단을 구성하는 것이 좋아요. 이 책에서는 여러 부위의 소고기를 사용하지만 소고기를 씹기에 어려움이 있는, 개월 수가 적은 아이들은 다짐육으로 시작하는 것을 추천드려요.

소고기는 부위가 다양한데 볶음이나 구이용으로는 부챗살, 살칫살, 채끝살, 치맛살, 안심살 등을 사용해요. 이 외에도 아이가 선호하는 부위가 있다면 레시피를 활용하여 다양하게 조리해주세요. 소고기 다짐육으로는 기름기가 적은 앞다리살을 사용해요.

돼지고기

돼지고기는 다른 고기에 비해 가격이 저렴하고 단백질과 각종 영양소가 풍부하여 아이의 성장과 발육을 도모해요. 다만 돼지고기는 기름이 많고 다른 고기들에 비해 질겨서 아이가 씹기에는 부담이 될 수 있어 소고기와 닭고기보다는 늦은 시기에 주는 걸 추천드려요. 유아식 초기에 돼지고기를 주고 싶다면 기름기가 적은 부위의 다짐육을 사용하세요.

닭고기

닭가슴살은 단백질이 풍부하고 지방이 적어요. 한편 닭다리살은 육질이 단단하고 철분이 풍부하지만 다른 부위에 비해 지방이 많아요. 닭날개는 다른 부위에 비해 살은 적지만 콜라겐이 풍부해요. 이 책에서 다룬 닭고기 요리는 어느 부위를 사용해도 무방한 레시피입니다. 아이가 선호하고 잘 먹는 부위로 요리해주세요.

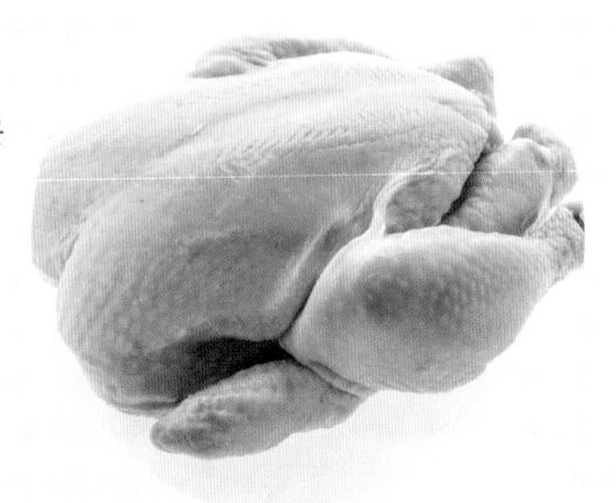

해산물

생선은 DHA와 EPA가 풍부하여 두뇌 발달에 좋고 철분과 단백질의 공급원입니다. 아이들의 생선 섭취와 관련하여 엄마들이 걱정하는 것은 중금속에 대한 노출이죠. 대형 심해 어류는 수은 함유량이 높은 경우가 많은데요. 한번 체내에 축적된 중금속은 배출이 되지 않기 때문에 중금속 함유량이 적은 생선을 먹이는 것이 아이를 중금속 섭취로부터 지킬 수 있는 방법입니다. 먹이사슬 하위에 있는 작은 생선들은 수은 함량이 적어 안심하고 섭취가 가능해요.

생선 외에도 새우를 많이 사용하는데요. 책에서는 칵테일 새우나 껍질이 없는 새우살로 조리를 했어요. 검은색 줄로 보이는 새우 등쪽의 내장을 제거하고 조리하면 더 깔끔한 새우 요리를 만들 수 있지만, 작은 새우의 경우 내장을 제거하지 않아도 무방해요.

저는 유아식용 생선은 냉동 식품으로 구비해 그때그때 해동하여 조리하고 있어요. 저는 '생선파는언니'라는 곳에서 구입을 하고 있어요. 가시가 없고 무염이어서 아이가 섭취하기에 안전하고, 낱개로 포장되어 있어 아이가 먹을 만큼만 조리할 수 있어요.

설탕&올리고당

저는 설탕으로는 '마스코바도 비정제 설탕'을 사용하고 올리고당으로는 '유기농 프락토 올리고당'을 사용해요. 올리고당 대신 설탕, 설탕 대신 올리고당으로 교차 사용이 가능해요. 아가베시럽으로 대체해도 좋아요.

간장&소금

간장과 소금으로는 '아이배냇' 제품을 사용해요. 간장은 국물용과 비빔용이 따로 있지만 이 책에서는 한 가지(국물용)로만 사용했어요. 국간장과 진간장 등 여러 종류의 간장을 사용한다면 국이나 무침 요리에는 국간장을 사용하고, 볶음이나 조림류에는 진간장을 사용하세요.

된장

아기된장이라고 하더라도 브랜드별로 그 맛과 염도가 달라요. 아기용 된장을 사용하더라도 레시피의 양 그대로 넣기 보다는 조금씩 넣어 간을 맞추는 것을 추천드려요. 저는 '아이배냇 된장'을 사용해요.

굴소스

굴소스는 시은이 두 돌 때 처음 사용했어요. 굴소스는 아기용이 따로 없고 맛이 강해서 다른 조미료들보다 늦게 사용하는 걸 추천드려요. 요리 중에 굴소스가 들어가는 요리들이 있지만 굴소스를 생략하거나 굴소스 대신 아기간장을 넣어도 무방해요.

마요네즈&케첩

마요네즈나 케첩은 두 돌 전에도 줬지만 어린 나이에 먹기에는 맛이 낯설었는지 시은이가 다 뱉어냈어요. 두 돌이 한참 지난 후에야 잘 먹기 시작했어요. 케첩이나 마요네즈는 자극적일 수 있으니 처음 시도할 때는 소량을 사용하고 점차 양을 늘려가는 게 좋아요. 저는 마요네즈는 '잇츠베러 마요네즈'를, 케첩은 '하인즈 유기농 케첩'을 사용해요.

4 시니맘의 아이용 식기류 추천

식판

유아식을 시작하기에 앞서 조리 도구와 식기류를 준비해야 되겠죠? 유아 식기는 브랜드와 종류가 다양해서 단순하게 선택하기에는 어려움이 있어요. 아이의 월령, 식습관에 맞게 식판을 고르는 것이 식기를 다루는 엄마와 아이에게 모두 중요합니다. 아래 표를 참고하여 우리 아이에게 알맞은 식판을 골라주세요.

***식판 종류별 장단점 표**

	바닥과 흡착 여부	열탕 소독 가능 여부	전자레인지 사용 가능 여부	세척 용이 여부	무게	가격
실리콘	O	O	O	X	무거움	비쌈
스테인리스	X	O	X	O	가벼움	저렴
플라스틱	X	X	X	X	가벼움	저렴
도자기	X	O	O	O	무거움	비쌈

① 실리콘 식판

대부분 흡착이 되는 실리콘 식판은 유아식 초기에 사용하기에 적합해요. 전자레인지 사용과 열탕 소독이 가능해요. 다만 다른 식판에 비해 무겁고 냄새가 밸 수 있고 착색의 위험이 있어요.

② 스테인리스 식판

가격이 저렴하며 가볍고 내구성이 좋아요. 세척이 용이하나 수저, 포크와의 마찰 시 소음이 발생하고 전자레인지 사용이 불가능해요.

③ 플라스틱 식판

가격이 저렴하고 종류가 다양해 아이들에게 흥미를 유발할 수 있어요. 다만 가벼워서 아이가 식판을 쉽게 움직일 수 있어 음식물을 흘릴 수 있고 전자레인지나 열탕 소독이 불가능해요(플라스틱 종류에 따라 가벼운 열탕 소독이 가능한 제품도 있어요).

④ 도자기 식판

세척이 용이하고 전자레인지 사용이 가능해요. 무게가 꽤 나가서 쉽게 밀리지 않지만 떨어트렸을 때 깨질 위험이 있어요. 스테인리스, 플라스틱 식판보다 가격이 비싸요.

이밖에 옥수수 식판, 곡물도자기 식판, 유기 식판, 나무 식판 등 다양한 재질의 식판이 있어요. 저는 유아식 초기 단계에는 실리콘 흡착 식판을 사용하다가 유아식 중기에는 스테인리스, 도자기 식판을 사용했고 지금은 플라스틱 식판과 실리콘 식판을 주로 사용해요. 각각의 식판은 장단점이 있고 아이마다 적합한 식판이 다르므로 어떤 식판을 좋다 나쁘다 말할 수는 없어요. 하나씩 사용해 보고 우리 아이에게 맞는 식판을 찾는 것이 중요해요.

또한 식판에는 3구, 4구, 5구 등이 있어요. 처음부터 5구를 선택하기 보다는 한 그릇 요리나 국에 반찬 한 가지로 시작해서 천천히 반찬 가짓수를 늘려가는 것을 추천해요. 처음부터 5구를 선택하면 유아식을 준비하는 엄마만큼이나 아이도 유아식에 부담을 느낄 수 있어요.

수저

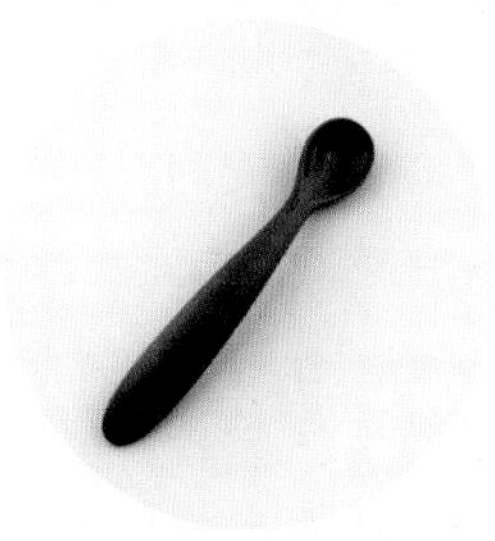

① 실리콘

실리콘 수저는 도구 사용이 자유롭지 않은 유아식 초기에 사용하기에 적합해요. 날카롭지 않고 아이가 물고 씹기에도 안전해요.

② 스테인리스

아이가 스스로 숟가락질을 하고 포크로 반찬을 찍어 먹을 수 있을 때 사용하기에 적합해요. 실리콘보다 가볍고 각이 져 있어 음식을 깨끗하게 떠먹기에 용이합니다. 다만 기스가 많이 날 수 있고 도구의 사용이 미숙한 아이들은 다칠 위험이 있어요.

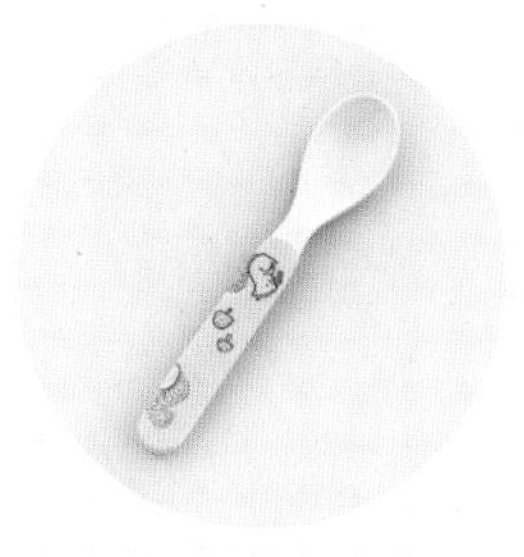

③ 플라스틱

플라스틱 수저, 포크는 디자인과 종류가 다양해 아이들의 흥미를 유발할 수 있고 가격이 저렴해요. 가벼워서 아이들이 사용하기에 용이해요.

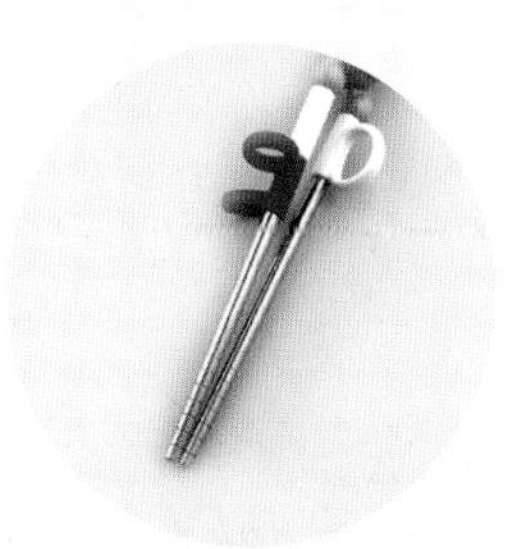

④ 젓가락

젓가락 사용 시기는 아이의 소근육 발달 상태에 따라 차이가 날 수 있어요. 시은이가 두 돌 때 관심을 보이길래 처음으로 교정용 젓가락을 사용하게 했어요. 그 이후로 매일 주지는 않고 일주일에 한 번, 두 번 이렇게 횟수를 늘려갔어요. 세 돌인 지금은 거의 매일 젓가락을 사용하고 있어요. 아이의 발달 상태를 체크한 다음 젓가락질도 서서히 시도하게 해주세요.

5 시니맘의 재료 썰기 방법

책에서 언급하고 있는 대표적인 썰기 방법이에요. 유아식 초기 단계이거나 씹기에 어려움이 있는 아이라면 레시피에서 보여주는 크기보다 더 작게 썰어서 줘도 좋아요.

① 깍둑썰기

감자, 무 등을 주사위 모양으로 써는 방법이에요.

② 반달썰기

호박 등을 반원 모양으로 써는 방법이에요.

③ 다지기

양파, 마늘, 당근 등을 아주 잘게 써는 방법이에요.

④ 어슷썰기

파, 가지 등의 길쭉한 재료를 비스듬히 써는 방법이에요.

⑤ 편썰기

표고버섯, 마늘, 생강 등의 단면을 깔끔하게 저미는 방법이에요.

⑥ 채썰기

무, 당근, 오이 등을 편으로 썬 후에 가늘게 써는 방법이에요.

6 주재료별 눈대중 분량 가이드와 조미료 계량법

주재료별 눈대중 분량

책에서는 전자저울을 사용하여 정확하게 계량한 재료의 양을 표기했어요. 하지만 꼭 정확한 용량(g)을 맞출 필요는 없습니다. 표기된 재료의 용량은 기준으로 삼되 아이가 좋아하는 재료는 추가해도 되고, 만들고자 하는 분량에 따라 조절해도 돼요.

여기서는 대표적인 재료의 일정 용량(g)에 대한 눈대중 양을 표기했습니다. 재료의 크기 등에 따라 눈대중 양은 다를 수 있으니 아래에 표기된 수치는 참고용으로 활용해주세요.

감자 1/4개	약 25g	알배추 1장	약 15g	마늘 1개	약 3g	브로콜리 1/4송이	약 80g
양파 1/4개	약 70g	고구마 1/4개	약 25g	콩나물 한 줌	약 50g	양배추 1/8통	약 30g
당근 1/4개	약 50g	시금치 1뿌리	약 30g	대파 1/4대	약 40g	무 1/8개	약 20g
오이 1/4개	약 50g	새우 1마리	약 10g	가지 1/4개	약 30g	애호박 1/4개	약 30g

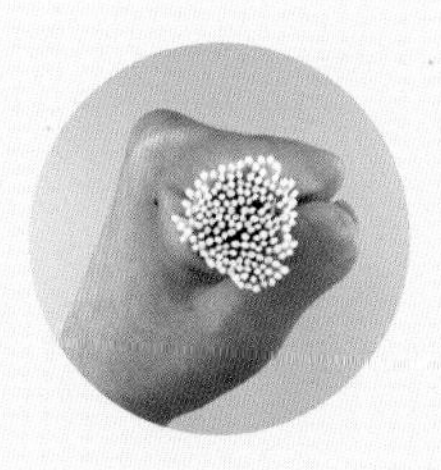

국수 1줌 = 약 50g

어른의 국수 계량 시에는 1줌이 500원짜리 동전 크기라고 한다면
아이의 국수 계량 시에는 1줌이 100원짜리 동전 크기가 됩니다.

조미료 계량법

조미료의 경우, 책에서는 밥숟가락과 티스푼을 이용하여 계량을 했어요. 큰숟가락은 어른용 밥숟가락, 티스푼은 가정용 커피스푼을 사용했어요.

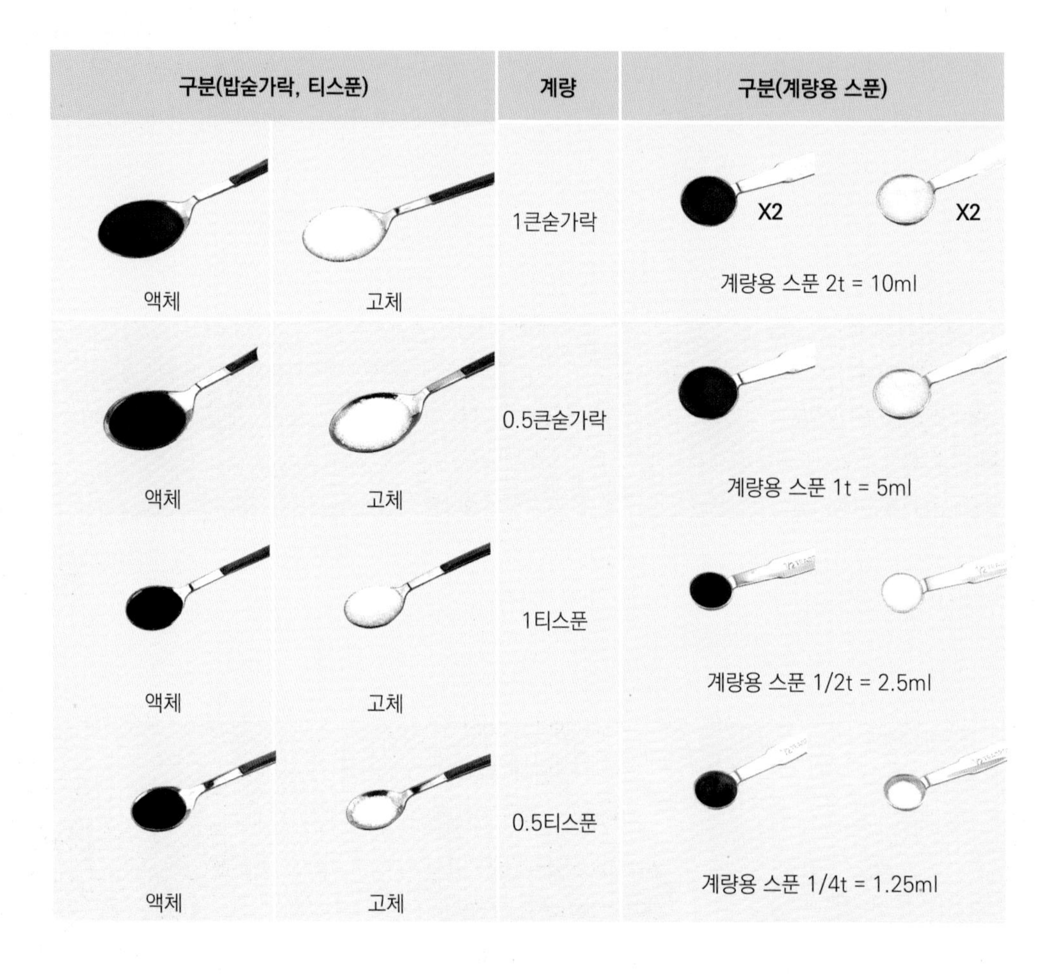

구분(밥숟가락, 티스푼)		계량	구분(계량용 스푼)
액체	고체	1큰숟가락	X2 X2 계량용 스푼 2t = 10ml
액체	고체	0.5큰숟가락	계량용 스푼 1t = 5ml
액체	고체	1티스푼	계량용 스푼 1/2t = 2.5ml
액체	고체	0.5티스푼	계량용 스푼 1/4t = 1.25ml

7 멸치다시마 육수 끓이는 방법

이 책에서는 주로 멸치다시마 육수를 사용해요. 시중에 여러 종류의 육수 팩이 판매되고 있지만 여러 재료 필요 없이 멸치와 다시마만으로도 맛있는 육수를 만들 수 있어요.

멸치 내장을 제거하고 끓이면 더 깨끗한 멸치다시마 육수를 우려낼 수 있지만 선택사항입니다. 다시마는 오래 끓이면 진액이 나오고 쓴맛이 날 수 있으니 주의해주세요.

8 주재료별 요리 모음표

소량의 재료를 필요로 하는 유아식을 만들고 나면 재료가 많이 남아요. 이 자투리 재료들을 볼 때마다 어떻게 처리를 해야 할지 막막하죠. 그때부터 엄마들의 고민이 시작됩니다. 냉장고에 있는 재료들로 어떤 음식을 만들어야 할지 고민이 될 때는 아래의 표를 활용해주세요.

	한 그릇 밥	수프와 국	반찬	간식	한 그릇 요리	스페셜 요리
가지	가지튀김덮밥 소고기가지계란덮밥		가지된장볶음 가지치즈구이 가지크로켓 소고기가지볶음 차돌박이가지볶음			
감자	마파감자덮밥	감자들깻국 감자양파수프 다시마감잣국	감자김볶음 감자조림 감자채볶음 닭고기감자조림	감자버터구이 감자치즈떡 감자프리타타 매쉬드포테이토		감자튀김
계란	계란카레덮밥 닭고기덮밥 돈가스덮밥 명란계란덮밥 소고기가지계란덮밥 소고기덮밥 순두부계란덮밥 양파감자덮밥 양파계란덮밥	계란감잣국 계란된장국 새우순두부계란탕 크래미계란국	계란찜 당근스크램블에그 베이컨치즈전	감자프리타타 계란떡볶이 고구마에그슬럿 시금치프리타타 옥수수계란모닝빵	오므라이스	
고구마		고구마브로콜리수프	당근고구마맛탕 고구마볶음 고구마우유조림	고구마당근치즈전 고구마에그슬럿 고구마칩		
고등어	고등어덮밥					고등어케일쌈밥
김	김크림리소토	김된장국	감자김볶음 김부각 김전 당면김무침		김국수	꼬마김밥
단호박		단호박수프				
닭고기	간장치즈닭갈비덮밥 닭고기덮밥	닭개장	닭고기감자조림 닭고기된장볶음 닭고기들깨조림 닭고기우유조림 닭고기전 닭봉조림	치킨너깃 팝콘치킨 허니버터갈릭치킨떡강정	치킨도리아	닭다리백숙과 닭죽

요리에 다양한 식재료가 들어가므로 대표적인 재료를 중심으로 정리했으며, 재료의 비중에 따라서 두 가지 이상의 재료에 중복되어 수록된 요리들도 있어요. 부재료들은 각 레시피를 참고해주세요(주재료 및 요리는 가나다 순으로 정리했어요).

	한 그릇 밥	수프와 국	반찬	간식	한 그릇 요리	스페셜 요리
당근			당근고구마맛탕 당근그라탱 당근버터조림 당근스크램블에그 당근전	고구마당근치즈전		꼬마김밥
당면		소고기당면국	당면김무침 어묵잡채 콩나물잡채			
대구		맑은대구탕				
돼지고기	대패삼겹살덮밥 돈가스덮밥 마파감자덮밥		돈가스 돼지고기배추조림 떡갈비			짜장밥
두부	두부김조림덮밥 두부튀김덮밥	애호박두부젓국	두부강정 두부김무침 두부동그랑땡 두부찜 두부치즈버무리 두부카레부침 소고기두부조림	두부치즈크로켓	두부주먹밥	
떡		밥새우매생이떡국		간장떡꼬치 계란떡볶이 베이컨크림떡볶이 허니버터갈릭치킨떡강정		궁중떡볶이
매생이		밥새우매생이떡국				
메추리알			메추리알장조림 메추리알카레조림			
멸치			멸치볶음		멸치마요주먹밥	
명란젓	명란계란덮밥					
무		새우뭇국 소고기뭇국	무나물 무조림 새우무조림 소고기무조림			
묵					꽃묵밥	

	한 그릇 밥	수프와 국	반찬	간식	한 그릇 요리	스페셜 요리
미역		된장미역국 소고기미역국				
밤				맛밤		
버섯	새송이버섯덮밥	양송이수프	느타리버섯볶음 느타리버섯우유들깨조림 팽이버섯치즈전		피자밥	버섯크림빠네파스타 표고탕수육
베이컨	베이컨갈릭볶음밥		베이컨배추볶음 베이컨치즈전	베이컨크림떡볶이 오코노미야키	피자밥	
병아리콩			병아리콩조림			
브로콜리		고구마브로콜리수프	브로콜리우유조림			
새우		새우뭇국 새우순두부계란탕	새우너깃 새우무조림	오코노미야키 크림새우		멘보샤
소고기	불고기크림리소토 소고기가지계란덮밥 소고기덮밥 소고기카레볶음밥 소고기파인애플볶음밥	소고기당면국 소고기뭇국 소고기미역국	떡갈비 불고기전 소고기가지볶음 소고기두부조림 소고기무조림 소고기배추들깨볶음 소고기애호박볶음 소고기오이볶음 소고기장조림 소고기콩나물볶음 차돌박이가지볶음		밥도그 아란치니	밥버거 밥케이크 아기초밥 햄버거
소면					간장비빔국수 김국수 순두부국수 우유들깨국수	
순두부	순두부계란덮밥	된장순두부 새우순두부계란탕 순두부콩나물국				
시금치		시금치된장국	시금치무침 시금치전	시금치프리타타		꼬마김밥 시금치카레
식빵				마늘스틱		멘보샤
알배추		배추콩나물국	돼지고기배추조림 베이컨배추볶음 소고기배추들깨볶음			

	한 그릇 밥	수프와 국	반찬	간식	한 그릇 요리	스페셜 요리
애호박		애호박두부젓국	소고기애호박볶음 애호박그라탱 애호박밥새우볶음 애호박치즈크로켓			
양배추	양배추크림리소토			오코노미야키		
양파	양파감자덮밥 양파계란덮밥		양파조림			
어묵			어묵볶음 어묵잡채			꼬치어묵탕
오이			소고기오이볶음 오이된장무침 오이무침 크래미오이샐러드			꼬마김밥
옥수수	콘치즈덮밥	콘수프		옥수수계란모닝빵 옥수수튀김 콘치즈	옥수수크림우동	옥수수카레 콘샐러드
우동 면					볶음우동 옥수수크림우동 크림카레우동	
청경채			청경채전			
치즈	간장치즈닭갈비덮밥 김크림리소토 불고기크림리소토 양배추크림리소토 콘치즈덮밥	감자양파수프 고구마브로콜리수프 단호박수프 양송이수프 콘수프	가지치즈구이 당근그라탱 두부치즈버무리 베이컨치즈전 애호박그라탱 애호박치즈크로켓 팽이버섯치즈전	감자치즈떡 고구마당근치즈전 고구마에그슬럿 두부치즈크로켓 라이스페이퍼치즈스틱 베이컨크림떡볶이 콘치즈 크림새우	옥수수크림우동 치킨도리아 크림카레우동	버섯크림빠네파스타
콩나물		배추콩나물국 순두부콩나물국	소고기콩나물볶음 콩나물무침 콩나물잡채 콩나물전 콩나물카레볶음 크래미콩나물무침			
크래미	크래미수프덮밥	크래미계란국	크래미강정 크래미김전 크래미오이샐러드 크래미콩나물무침			
훈제 오리	훈제오리고기볶음밥					

9 영양 만점 식단표

이유식은 한 가지 메뉴 구성이기 때문에 이유식을 마치고 밥, 국 세 가지 반찬을 구성해야 하는 유아식으로 넘어오면 식단 구성에 어려움을 느끼는 분들이 많아요. 저 역시도 그랬답니다. 이럴 때 식단표를 짜면 우리 아이가 영양가 있게 잘 먹고 있는지 한눈에 볼 수가 있어요. 아래

구분	월	화	수
1주차 식단	흰쌀밥 계란감잣국 새우너깃 * 당근채볶음 김부각	흰쌀밥 소고기미역국 * 소불고기 메추리알장조림 멸치볶음	흰쌀밥 시금치된장국 소고기가지볶음 두부동그랑땡 무조림
주재료	감자, 계란, 새우, 당근, 김	소고기, 미역, 메추리알, 멸치	시금치, 소고기, 가지, 두부, 무
2주차 식단	흰쌀밥 * 홍합뭇국 소고기콩나물볶음 표고탕수육 오이무침	흰쌀밥 * 부추계란국 닭고기우유조림 * 시금치베이컨볶음 * 떡강정	흰쌀밥 맑은대구탕 돼지고기배추조림 가지된장볶음 두부찜
주재료	홍합, 무, 콩나물, 소고기, 표고버섯, 오이	부추, 계란, 닭고기, 시금치, 베이컨, 떡	대구, 알배추, 돼지고기, 가지, 두부, 계란
3주차 식단	흰쌀밥 된장순두부 닭고기우유조림 콩나물잡채 애호박그라탱	흰쌀밥 닭개장 소고기배추들깨볶음 두부치즈크로켓 시금치무침	흰쌀밥 애호박두부젓국 닭고기전 메추리알카레조림 당근그라탱
주재료	순두부, 닭고기, 콩나물, 당면, 애호박	닭고기, 소고기, 알배추, 두부, 시금치	애호박, 두부, 닭고기, 메추리알, 당근
4주차 식단	흰쌀밥 크래미계란국 새우무조림 콩나물무침 청경채전	흰쌀밥 배추콩나물국 소고기두부조림 애호박밥새우볶음 어묵잡채	흰쌀밥 새우순두부계란탕 닭고기감자조림 무나물 김전
주재료	크래미, 계란, 새우, 무, 콩나물, 청경채	콩나물, 알배추, 소고기, 두부, 애호박, 밥새우, 어묵, 당면	새우, 순두부, 계란, 닭고기, 감자, 무, 김

의 식단표는 유아식 식단 구성에 어려움을 느끼는 분들께 도움이 되고자 첨부했습니다. 꼭 아래 식단표대로 식단을 짤 필요는 없어요. 참고하여 아이에게 맞는 영양 만점의 식단을 만들어 주세요. 영양가 있고 맛있는 식단을 구성하여 편식 없는 올바른 식습관을 길러주세요.

이 식단표에는 책에서 다루지 않은 음식도 일부 등장해요. 아이의 식단표를 짜기 위한 참고 용도로 보면 좋아요(레시피에 없는 음식은 체크(*) 표시를 했어요).

목	금	토	일
흰쌀밥 * 들깨미역국 돈가스 당근스크램블에그 크래미콩나물무침	흰쌀밥 * 무된장국 고등어구이 소고기애호박볶음 당근버터조림	흰쌀밥 밥새우매생이떡국 떡갈비 병아리콩조림 감자치즈떡	흰쌀밥 소고기당면국 베이컨배추볶음 느타리버섯볶음 * 애호박전
미역, 돼지고기, 당근, 계란, 크래미, 콩나물	무, 고등어, 소고기, 애호박, 당근	밥새우, 매생이, 떡, 돼지고기, 소고기, 병아리콩, 감자	소고기, 당면, 베이컨, 알배추, 느타리버섯, 애호박
흰쌀밥 * 콩나물된장국 불고기전 브로콜리우유조림 감자김볶음	흰쌀밥 감자들깻국 닭봉조림 콩나물전 크래미강정	흰쌀밥 계란된장국 소고기콩나물볶음 크래미김전 감자조림	흰쌀밥 다시마감잣국 닭고기들깨조림 간장떡꼬치 두부치즈버무리
콩나물, 소고기, 브로콜리, 감자, 김	감자, 닭봉, 콩나물, 크래미	계란, 콩나물, 소고기, 크래미, 김, 감자	다시마, 감자, 닭고기, 떡, 두부
흰쌀밥 새우뭇국 소고기오이볶음 감자프리타타 두부카레부침	흰쌀밥 꼬치어묵탕 팝콘치킨 계란떡볶이 양파조림	흰쌀밥 된장미역국 차돌박이가지볶음 크림새우 오이된장무침	흰쌀밥 * 콩나물들깻국 허니버터갈릭치킨떡강정 감자버터구이 당면김무침
새우, 무, 소고기, 오이, 감자, 계란, 두부	어묵, 닭고기, 계란, 떡, 양파	미역, 차돌박이, 가지, 새우, 오이	콩나물, 닭고기, 떡, 감자, 당면, 김
흰쌀밥 * 새우미역국 * 돼지고기카레볶음 애호박치즈크로켓 * 시금치들깨무침	흰쌀밥 * 북어뭇국 소고기장조림 팽이버섯치즈전 어묵볶음	흰쌀밥 * 차돌된장국 * 간장제육볶음 두부김무침 당근전	흰쌀밥 * 계란팟국 닭고기된장볶음 콩나물카레볶음 시금치프리타타
새우, 미역, 돼지고기, 애호박, 시금치	북어, 무, 소고기, 팽이버섯, 어묵	차돌박이, 돼지고기, 두부, 김, 당근	계란, 대파, 닭고기, 콩나물, 시금치, 계란

Q1 꼭 아기용 조미료를 사용해야 하나요?

A 꼭 사용해야 하는 건 아니에요. 다만 어른용보다는 아기용 조미료가 더 건강한 재료를 사용하여 덜 자극적이게 만들었기 때문에 사용하는 걸 추천드리고 있어요. 어른용 조미료를 사용한다면 레시피에 표기된 용량보다 적게 넣어 간을 조절해주세요.

Q2 야채 편식하는 아이, 야채 먹이는 방법 좀 알려주세요!

A 시은이도 처음부터 편식 없이 잘 먹었던 건 아니에요. 오이, 당근, 새우에 심지어 계란도 안 좋아하던 시기가 있었어요. 음식에 대한 거부가 있을 때는 일정한 텀을 두고 3번 정도 음식을 먹게끔 시도했어요. 같은 음식을 3번 정도 줬는데도 계속 거부한다면 같은 식재료로 다른 메뉴를 만들어줬어요. 예를 들어 당근을 거부했을 때는 당근전, 당근맛탕 등으로 메뉴를 변경하여 먹이기를 시도했어요. 그렇게 하니 편식하던 식재료를 좋아하게 되었답니다.

Q3 식사 시간에 유튜브를 보여달라고 하는 아이, 어떻게 해야 하나요?

A 시은이도 밥을 먹을 때 영상을 보여달라고 한 적이 있어요. 시은이는 이유식 거부가 심했던 아이였는데 그럴 때마다 동요를 불러주면 잘 먹곤 했어요. 그때의 기억이 떠올라 유아식을 거부할 때 영상을 보여줬던 적도 있어요.

영상을 보여주면 밥을 잘 먹었던 적도 물론 있었어요. 하지만 그 기간은 오래 가지 않았어요. 영상에 집중한 나머지 식사 시간에 집중을 못하는 모습을 보였거든요. 그 후로는 절대 영상을 보여주지 않아요. 아이가 울면서 영상을 보여달라고 떼를 써도 절대 보여주지 말고, 식사 시간에 집중할 수 있도록 식판에 주의를 돌리게 해주세요.

고기를 안 먹으려고 해요. 고기를 먹일 수 있는 노하우가 있나요?

A 고기는 아이가 씹기에 너무 질기거나 냄새가 나서 거부하는 것일 수도 있어요. 유아식 초기 단계라면 아이가 고기를 잘 씹을 수 있는 시기가 올 때까지 천천히 시도하거나 고기의 부위나 입자를 바꿔보는 것도 좋아요. 냄새가 나서 고기를 안 먹으려 할 경우에는 고기 구매처를 바꾸거나 핏물을 뺀 후에 조리해보세요.

Q5 아기가 밥을 너무 느리게 먹어요. 안 먹으려고 해도 다 먹을 때까지 계속 먹이려고 시도해야 하나요?

A 시은이는 보통 20분 안에 밥을 다 먹어요. 기준 시간을 정해놓고, 기준 시간이 지나면 식사를 끝내는 것이 좋아요. 식사 시간이 오래 지속되는 것은 아이가 그만큼 밥에 흥미가 없다는 뜻이에요. 식사 시간이 너무 길어지면 뒤로 갈수록 집중을 못해 밥을 더 안 먹을 가능성이 커요.

여기서 중요한 건 기준 시간을 잘 정해야 한다는 점이에요. 우리 아이가 잘 먹는 날과 잘 안 먹는 날의 식사 시간을 기록해뒀다가 그 사이의 평균 시간을 기준 시간으로 잡아주세요. 기준 시간을 훌쩍 넘어 식사를 하고 있는데 흥미가 적고 식사를 거부하는 모습을 보인다면 더 이상 지속하지 말고 식사를 종료해주세요.

Q6 시은이는 돌아다니지도 않고 식탁 의자에 앉아서 식사를 잘만 하던데 비결이 뭔가요?

A 이유식 거부가 있었지만 절대로 돌아다니며 이유식을 먹이지 않았어요. 집안 여기저기를 돌아다니며 먹게 하는 것은 한 번은 잘 먹게 할 수는 있어도 장기적으로 봤을 때는 나쁜 식습관을 갖게 하는 지름길이에요.

이유식 시기부터 정해진 자리에서만 식사해야 한다는 것을 아이에게 알려주고 올바른 식습관을 길러주세요.

Q7 삼시세끼를 모두 식판식으로 주나요?

A 아니요. 시은이는 특히 아침밥에는 흥미가 적어 아침에는 식판식을 주지 않고 간단한 식사를 줘요. 하루 중 한두 끼는 식판식을 주고 한 끼는 간단하게 먹이거나 한 그릇 요리를 해주고 있어요. 아이마다 식성이나 생활 패턴이 다르므로 아이에 맞게 식판식과 한 그릇 요리 횟수를 정하는 것이 좋아요.

Q8 시은이는 언제부터 식판식을 시작했나요? 꼭 식판식을 해야 하나요?

A 시은이는 11개월부터 유아식을 시작했는데 15개월부터 식판식을 시작했어요. 이유식 거부가 심했던 아이여서 유아식을 조금 일찍 시작했어요. 처음부터 반찬 세 가지를 주지는 않았고 밥과 국으로 시작해서 반찬 가짓수를 늘려갔어요. 15개월부터 밥, 국, 반찬 세 가지 식판식을 제공해줬어요. 식판식을 꼭 해야 하는 것은 아니지만 아래의 장점들 때문에 하루 1회 이상 식판식을 하는 것을 추천드려요.

첫 번째는 보기 좋은 떡이 먹기도 좋다는 옛말처럼 정갈하게 담아주면 아이의 관심을 끌 수 있다는 점이에요. 실제로 시은이는 형형색색으로 꾸며서 더 예쁘게 담아주면 식사 시간에 더 적극적이고 잘 먹어주는 모습을 보였어요.

두 번째는 정해진 양을 먹일 수 있다는 점이에요. 하루가 다르게 쑥쑥 성장하는 우리 아이들은 하루에 꼭 필요한 양을 먹는 것도 중요해요. 식판식을 하면 아이가 한 끼에 섭취한 양을 정확하게 알 수 있어요.

세 번째는 편식 없이 골고루 먹일 수 있다는 점이에요. 식판에 유아식을 차리게 되면 부모가 신경 써서 식단을 구성하게 됩니다. 아이가 어떤 종류의 음식을 편식하는지를 그때그때 알 수 있기 때문이죠. 우리 아이가 야채를 편식하더라도 식단에 야채 메뉴를 꼭 구성해주세요. 하루하루 시도하다 보면 어느 날은 먹어보기도 한답니다. 이런 나날들이 하루하루 쌓이면서 올바른 식습관을 길러줄 수 있어요.

Q9 반찬은 최대 며칠까지 보관이 가능하나요?

A 저는 보통 반찬은 1인분만 만들어 그날 하루만 먹여요. 많이 만들게 되면 간을 더하여 어른이 같이 먹어요. 하지만 아이가 어리거나 아이를 보면서 반찬을 그때그때 만들기가 어려운 부모님들은 반찬을 미리 만들어둘 수밖에 없으시겠죠. 반찬은 메뉴마다 조금씩 다르지만 최대 3일까지 보관하는 것을 추천드려요. 무더운 여름일 때나 냉장고 상황에 따라서는 더 짧아질 수 있어요. 육류는 최대한 빨리 소진하는 것이 좋아요.

Q10 반찬이나 국을 냉동해놔도 되나요?

A 국 종류는 냉동해도 좋으나 밑반찬이나 야채류는 냉동을 추천하지 않아요. 냉동을 하면 해동 과정에서 물이 생겨 맛이 변할 수밖에 없어요. 책에서 다룬 돈가스나 떡갈비 등 육류는 냉동을 해도 괜찮아요.

Q11 아이는 먹는 양이 적어 식재료가 많이 남는데, 어떻게 관리하시나요?

A 저는 야채류는 냉장 보관, 육류 및 해산물은 냉동 보관을 하고 있어요. 야채는 최대한 빨리 소진하는 게 좋지만 소량을 구매해도 어린 아이가 있는 집은 식재료가 많이 남을 수밖에 없어요. 저는 야채의 경우 냉장 보관법(뒤 페이지의 표)을 참고하여 보관하고, 최대한 어른 요리에 활용하여 소진하고 있어요. 보관법을 활용하여 보관하고 아이용은 소량으로 자주 구매해서 신선도를 유지해요.

육류 및 해산물은 냉동 보관을 하고 있어요. 냉장 상태의 육류를 구입 후 소분하여 생으로 냉동하고 사용하기 전에 냉장 해동하여 조리하고 있어요. 냉동 상태의 식재료는 한 번 해동한 후에는 다시 냉동하지 않는 것이 원칙입니다.

재료	보관법	비고
당근	세척하지 말고 그대로 신문지에 싸서 냉장 보관하거나 세척 후 밀봉해 냉장 보관해요.	
양파	껍질이 있는 양파는 통풍이 잘 되는 그늘에 보관해요. 깐 양파는 랩으로 감싸 낱개 포장하여 냉장 보관해요.	무더운 여름에는 껍질 제거 후 랩으로 감싸 냉장 보관해요.
대파	세척 후 키친타월로 물기를 꼼꼼하게 닦아내고 밀폐용기나 지퍼백에 키친타월을 깔아 냉장 보관해요.	수분이 많은 잎 부분과 대 부분은 따로 보관하는 것이 좋아요. 초록 잎 부분은 더 빨리 무를 수 있어 빨리 먹는 게 좋아요. 용도별로 썰어서 냉동 보관해도 좋아요.
마늘	깐마늘은 물기를 제거한 후 밀폐용기 바닥에 설탕이나 밀가루(제습제 역할)를 바닥이 보이지 않을 정도로 깔고 그 위에 키친타월을 2~3겹 깐 후에 담아주세요. 키친타월을 덮고 뚜껑을 닫아 냉장 보관해요.	다진 마늘은 지퍼백이나 밀폐용기에 담아 냉동 보관해요.
콩나물	세척 후 밀폐용기에 콩나물이 잠길 정도로 물을 부어 냉장 보관해요.	보관하는 동안 1~2일 간격으로 물을 갈아주세요.
감자	통풍이 잘 되는 그늘에 보관해요.	감자가 많은 경우 사과를 한두 개 넣어주면 싹이 나는 것을 방지해요. 양파와 함께 보관하지 마세요(양파는 수분이 많아 감자와 함께 두면 감자를 금방 상하게 할 수 있어요).
시금치	신문지로 감싸 냉장 보관해요. 또는 끓는 물에 10초간 데치고 찬 물에 헹궈 물기를 짜낸 후 밀폐용기에 담아 냉장 보관해요.	신문지로 감싸 보관할 경우 뿌리가 아래쪽으로 향하게 보관하는 것이 좋아요.
두부	밀폐 용기에 두부가 잠길 정도의 생수를 붓고 소금 1티스푼을 풀어 냉장 보관해요.	

Q12 이앓이를 할 때, 아플 때 추천하는 메뉴는 무엇인가요?

A 아이가 이앓이를 할 때나 감기에 걸렸을 때 어떤 메뉴를 먹이는지 물어보시는 분들이 많았어요. 그럴 때는 최대한 부드러운 음식을 주는 것이 좋아요. 계란이 들어간 국이나 수프, 부드러운 덮밥류를 만들어주세요.

Q13 아이가 계란 알레르기가 있어요. 계란 요리에서 계란을 빼도 될까요?

A 주재료가 계란인 요리는 계란을 꼭 넣어야 합니다. 혹시 계란 흰자에만 알레르기가 있다면 노른자만 넣어 조리해도 좋아요(노른자만 넣는다면 흰자 양만큼 노른자를 더 추가해서 조리해주세요).

계란물을 입히는 튀김류(돈가스, 새우가스, 팝콘치킨 등)에는 계란물 대신 물에 부침가루를 풀어 묽게 만든 반죽물을 입혀주세요.

계란물이 들어가는 부침개(오코노미야키, 두부동그랑땡 등)에는 계란을 생략하고 물을 넣어 농도를 맞춰주세요.

Q14 밥만 먹는 아이 or 반찬만 먹는 아이

A 인스타그램으로 문의를 주셨던 질문 중 자주 보였던 내용이 "우리 아이는 밥만 먹어요" 또는 "우리 아이는 반찬만 먹어요"였어요.

시은이는 반찬만 먹으려는 아이였어요. 맨밥은 싫어해서 유아식 초기에는 맨밥을 뱉어냈어요. 그래서 국에다 자주 말아주곤 했었어요. 그렇게 해서라도 밥을 먹였는데 점점 밥에 반찬을 섞어주니 국에 말아주지 않아도 밥과 반찬을 먹었고 결국 맨밥도 잘 먹는 날도 오더라고요.

이와는 반대로 밥만 먹는 아이들도 많아요. 반찬을 모두 거부하고 맨밥만을 먹는 아이죠. 보통 유아식 초기 단계의 아이들이 이러한 경우가 많아요. 이 경우의 대부분은 다양한 식재료의 맛이나 식감에 적응을 하지 못했기 때문입니다. 다양한 반찬을 시도하면서 새로운 맛과 식감에 적응하게끔 만들어주세요.

Q15 요리는 언제 하시나요? 아이가 어려서 혼자 둘 수가 없어 요리할 시간이 없어요.

A 시은이가 어렸을 때는 시은이 낮잠 시간에 요리를 했어요. 음식이 식으면 데워서 주곤 했어요. 아이가 자는 시간을 활용해보세요!

백김치

아이가 매운 음식을 먹지 못해 빨간 김치의 양념을 씻어낸 후 물에 담갔다가 준 적이 있으셨을 거예요. 저도 그런 경험이 있는데, 제 입에는 매운 기가 하나도 없었는데 시은이가 매워하면서 뱉은 적이 있었어요. 시판용 백김치는 아이가 먹기에는 자극적일 것 같아 백김치를 직접 만들었어요. 알배추로 만들면 생각보다 쉽고 간단해요.

재료

- □ 알배추 300g(1/2통)
- □ 배 200g
- □ 양파 80g
- □ 마늘 10g
- □ 무 40g
- □ 당근 40g
- □ 쪽파 10g
- □ 새우젓 1티스푼
- □ 굵은 소금 1큰숟가락
- □ 물 500ml
- □ 찹쌀가루 2큰숟가락

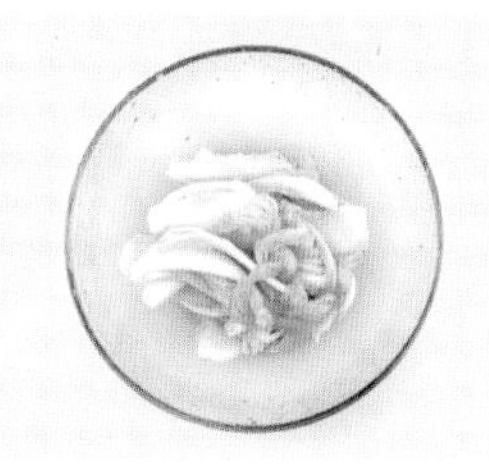

1. 무, 당근은 얇게 채썰고 쪽파는 먹기 좋은 길이로 썰어주세요. 배, 양파는 적당한 크기로 썰어주세요.

2. 알배추는 소량의 물과 함께 굵은 소금 1큰숟가락을 골고루 뿌려 약 2시간 동안 절인 다음, 흐르는 물에 씻어낸 후 물기를 꾹 짜주세요.

3. 찬물 500ml에 찹쌀가루 2큰숟가락을 덩어리 없이 풀고 눌어붙지 않게 저으며 끓여 찹쌀풀을 쑤어주세요.

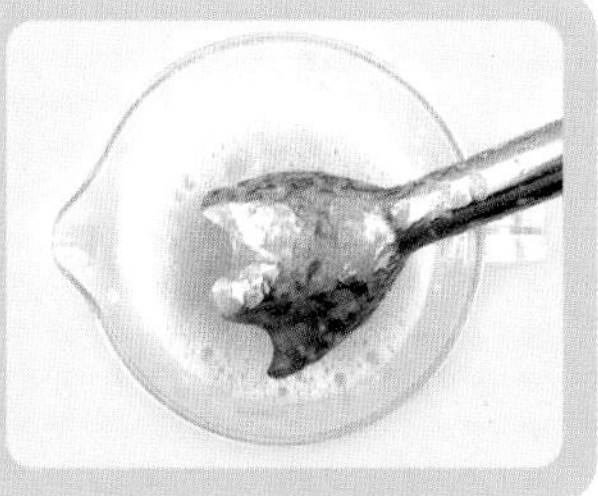

4. 찹쌀풀을 식힌 후에 양파, 배, 마늘, 새우젓 1티스푼과 함께 믹서기나 핸드블렌더로 갈아주세요.

5. 체에 밭쳐 건더기는 걸러주세요.

6. 김치통에 배춧잎을 넣고 걸러낸 양념물과 채썬 야채를 넣어주세요. 실온에 2~3일 두었다가 익으면 냉장고에 넣어주세요.

TIP++

- 배춧잎이 부드럽게 휘어질 때까지 절여주세요.
- 소금에 절인 배추는 물에 헹궈야 김치가 짜지 않아요.
- 찹쌀풀을 식히지 않고 넣으면 김치가 금방 익어버리니 꼭 식혀서 넣어주세요. 찹쌀가루는 밀가루로 대체 가능해요.
- 배춧잎이 김치 국물에 푹 잠기도록 넣어주세요. 국물이 부족하다면 생수를 추가해주세요.
- 완성 후 간을 보고 간이 부족하다면 소금을 추가해주세요.

오이무피클

새콤달콤한 오이무피클도 집에서 쉽게 만들 수 있어요. 파스타나 고기 등을 먹을 때 곁들여주면 느끼한 음식도 맛있게 즐길 수 있어요.

재료

□ 무 200g
□ 오이 200g
□ 물 400ml
□ 식초 100ml
□ 설탕 100g
□ 피클링스파이스 1큰숟가락

1. 오이는 0.5~1cm 두께로 썰고 무는 길쭉하게 썰어주세요.

2. 용기를 찬물에 넣어 팔팔 끓인 후 물기를 바싹 말려주세요.

3. 물 400ml, 식초 100ml, 설탕 100g, 피클링스파이스를 넣고 설탕이 녹을 때까지 저으며 끓여주세요.

4. 용기에 오이와 무를 담고 끓인 피클물을 뜨거운 상태로 바로 부어주세요.

5. 식힌 후 뚜껑을 닫아 냉장 보관을 하고 1~2일 숙성시켜주세요.

TIP++

- 용기를 소독할 때는 찬물일 때부터 용기를 넣어 끓여주세요. 끓는 물에 용기를 바로 넣으면 유리가 깨질 수 있으니 주의해주세요.
- 오이는 굵은 소금으로 문지른 다음 흐르는 물에 헹궈 물기를 닦아주세요.
- 어른용은 물, 식초, 설탕을 2:1:1 비율로 만들어주세요.
- 아이가 먹기에 너무 자극적이라고 느낀다면 식초와 설탕의 양을 조절해주세요. 먹기 전에 물로 헹궈서 줘도 좋아요.

한 그릇 밥

맛과 영양까지 챙긴 한 그릇 밥 요리예요. 바쁠 때 간편하게 차릴 수 있고 밖에서 먹이기에도 편해서 외출 시에 추천드리는 메뉴입니다.

가지튀김덮밥

"물컹한 식감의 가지를 튀겨보세요. 가지를 싫어하는 아이들도
좋아할 맛이에요. 가지를 얇게 썰어 튀긴 가지튀김을 밥에 올려주면
시은이가 잘 먹어서 덮밥으로 만들어봤어요.
양파를 양념 육수에 졸여 가지튀김과 함께
비벼주면 꿀맛 보장입니다.

재료 1회분

□ 양파 40g □ 가지 30g □ 대파 3g □ 구운 김 1g(1/2장) □ 멸치다시마 육수 150ml
□ 튀김가루 □ 물(반죽물용) □ 밥 100g(한 주걱)

양념 ■ 아기간장 1티스푼 ■ 올리고당 1티스푼

1. 가지는 얇게 썰고 양파는 채썰고 대파는 송송 썰어주세요. 구운 김은 가위로 잘라 실김을 만들어주세요.

2. 멸치다시마 육수를 약 5분간 끓여주세요.

3. 멸치, 다시마를 건져내고 양파와 분량의 양념을 넣어 약 5분간 끓이다가 대파를 넣어 약 1분간 끓여주세요.

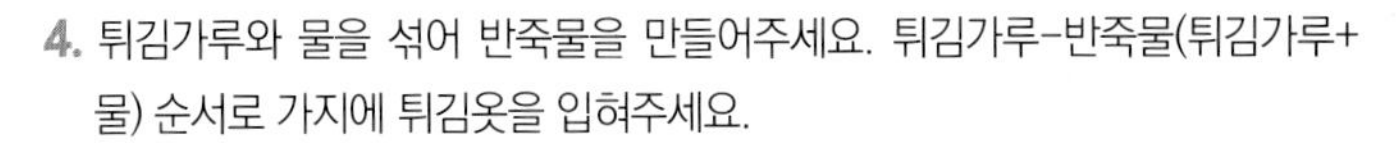

4. 튀김가루와 물을 섞어 반죽물을 만들어주세요. 튀김가루-반죽물(튀김가루+물) 순서로 가지에 튀김옷을 입혀주세요.

5. 팬에 기름을 넉넉하게 붓고 예열 후 가지를 약 1분간 튀겨주세요. 밥 위에 양념에 졸인 양파를 올리고 그 위에 가지튀김과 실김과 대파를 올려주세요.

TIP

가지는 얇게 썰어주세요.

간장치즈닭갈비덮밥

"집에서 어른용 고추장닭갈비를 해 먹을 때, 치즈를 같이 먹다가 아이용 간장닭갈비에도 치즈를 올려보면 어떨까 해서 만들게 된 메뉴입니다. 닭갈비와 치즈는 최고의 조합이에요. 아이들이 좋아할 수밖에 없는 메뉴입니다.

□ 닭다리살 40g □ 양배추 20g □ 양파 10g □ 당근 10g □ 대파 3g □ 밥 100g(한 주걱)
□ 아기치즈 1장 □ 파슬리가루(선택) □ 우유(닭 재우기용) □ 통깨

양념 ■ 물 20ml ■ 아기간장 1티스푼 ■ 올리고당 1티스푼 ■ 맛술 0.5티스푼

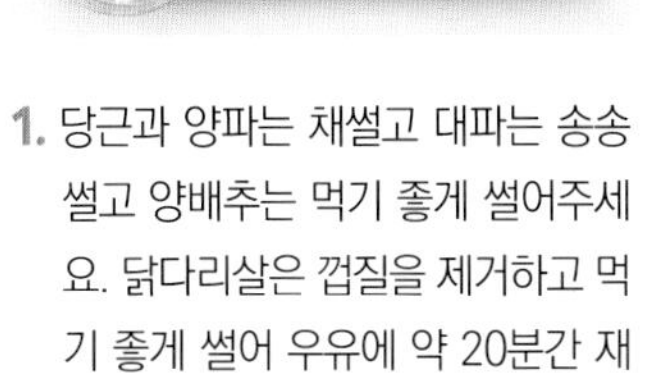

1. 당근과 양파는 채썰고 대파는 송송 썰고 양배추는 먹기 좋게 썰어주세요. 닭다리살은 껍질을 제거하고 먹기 좋게 썰어 우유에 약 20분간 재워주세요.

2. 우유에 재운 닭다리살은 깨끗하게 세척한 후 체에 밭쳐 물기를 빼주세요. 팬에 기름을 둘러 닭다리살을 약 1분간 볶아주세요.

3. 양배추, 당근, 양파를 넣어 약 2분간 볶아주세요.

4. 물 20ml와 분량의 양념을 넣어 약 2분간 볶다가 대파를 넣어 약 1분간 더 볶아주세요.

5. 가스 불을 끄고 통깨를 뿌려주세요.

6. 그릇에 밥과 닭갈비를 담고 아기치즈를 얹어주세요.

7. 40초 동안 전자레인지에 돌려 치즈를 녹여주세요.

TIP

덮밥용으로 사용하는 닭고기로는 닭가슴살보다는 닭다리살을 추천해요. 닭다리살 껍질은 제거했어요. 껍질과 힘줄 제거는 선택 사항입니다. 닭고기를 요리할 때는 우유에 재워 잡내를 제거하는데 생략 가능해요.

계란카레덮밥

"계란과 카레를 싫어하는데 이 메뉴는 잘 먹었어요" 라는 후기가 정말 많았던 메뉴예요. 부드러운 식감과 은은한 카레 향의 계란카레덮밥은 아침 메뉴로도 추천드려요.

재료 1회분

□ 계란 1개 □ 당근 15g □ 양파 15g □ 애호박 15g □ 감자 15g □ 우유 100ml
□ 물 100ml □ 카레가루 2티스푼 □ 밥 100g(한 주걱)

1. 당근, 양파, 애호박, 감자는 잘게 다지고 계란 1개는 풀어주세요.

2. 팬에 기름을 둘러 야채를 약 1분간 볶아주세요.

3. 물 100ml를 붓고 야채가 푹 익도록 약 2분간 끓여주세요.

4. 우유 100ml와 카레가루 2티스푼을 넣고 카레가루가 뭉치지 않도록 저으며 약 1분간 끓여주세요.

5. 계란물을 붓고 저으며 약 1분간 끓여주세요.

TIP

- 전분물을 따로 넣지 않고 계란으로 농도를 조절해요.
- 카레를 좋아한다면 카레가루를 더 넣어주세요. 카레가루를 한 번에 많이 넣으면 뭉칠 수 있으니 소량씩 나눠 넣어주세요.

고등어덮밥

“고등어를 이용해 덮밥을 만들었어요. 그냥 구워 먹어도 맛있는 고등어를 양파와 함께 간장과 올리고당으로 졸여보세요. 정말 맛있는 한 그릇 요리가 완성됩니다. 양파와 함께 졸인 고등어덮밥은 비린 맛 때문에 고등어를 잘 먹지 못하는 아이들도 맛있게 먹을 수 있어요.

재료 1회분

□ 고등어 40g □ 양파 40g □ 당근 10g □ 계란 1개 □ 대파 3g □ 통깨 □ 밥 100g(한 주걱) □ 물 150ml

양념 ■ 물 150ml ■ 아기간장 1티스푼 ■ 올리고당 1티스푼 ■ 맛술 0.5티스푼

1. 당근과 양파는 채썰고 계란 1개는 풀어주세요. 대파는 송송 썰고 고등어는 껍질에 칼집을 내주세요.

2. 팬에 기름을 두르고 계란은 스크램블을 만들고 당근은 볶아주세요.

3. 계란과 당근을 접시에 빼두고 기름을 둘러 약 1분간 양파를 볶아주세요.

4. 양파를 팬 한쪽으로 밀어두고 고등어를 넣어 약 2분간 구워주세요.

5. 고등어가 익으면 물 150ml와 분량의 양념을 넣어 약 3분간 졸여주세요.

6. 대파를 넣어 약 1분간 졸여주세요. 밥 위에 고등어와 고명을 올리고 통깨를 뿌려주세요.

TIP

아이용으로 손질해 판매하는 냉동 고등어를 사용했어요. 아이용 고등어는 짜지 않고 따로 가시를 제거할 필요가 없어 조리가 용이합니다.

김크림리소토

“김을 좋아하는 시은이는 리소토를 만들어줘도 김을 함께 먹는 것을 좋아해요. 그래서 만들게 된 메뉴입니다. 우유에 졸여진 김이 맛있을까 싶었지만 시은이가 정말 맛있게 먹었고, 다른 아이들도 맛있게 먹었다는 후기가 많았던 메뉴예요.

재료 1회분

☐ 당근 10g ☐ 애호박 10g ☐ 양파 10g ☐ 감자 10g ☐ 구운 김 2g(1장) ☐ 우유 200ml
☐ 아기치즈 1장 ☐ 밥 100g(한 주걱)

1. 구운 김은 잘게 부수고 양파, 당근, 애호박, 감자는 잘게 다져주세요.

2. 팬에 기름을 둘러 다진 야채를 약 1분간 볶아주세요.

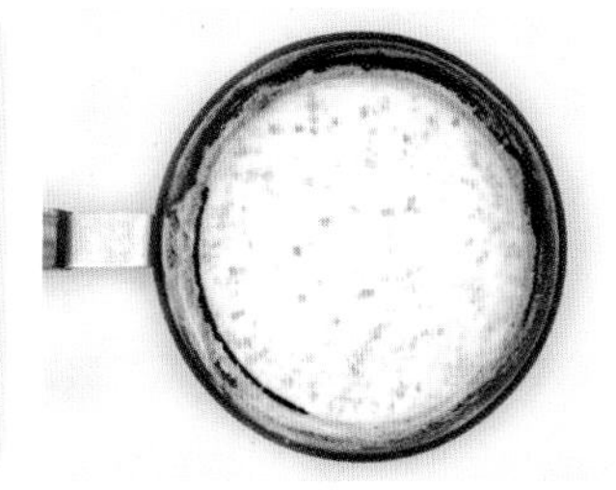

3. 우유 200ml를 부어 약 2분간 끓여 주세요.

4. 밥과 김을 넣고 잘 섞어 약 1분간 끓여주세요.

5. 아기치즈를 넣고 녹여주세요.

TIP

- 야채는 냉장고 속 다양한 야채를 활용해주세요.
- 김으로는 김밥용 구운 김 1장을 사용했어요. 아기 김 사용 시에는 1~2봉을 넣어주세요.

닭고기덮밥(오야꼬동)

"부드러운 닭다리살로 일본식 닭고기덮밥을 만들 수 있어요. 양파를 졸여서 구운 닭다리살과 비벼 먹으면 얼마나 맛있는지 몰라요. 자주 만들어줘도 시은이가 매번 잘 먹었던 메뉴입니다. 쯔유 없이도 일본식 덮밥 만들기, 참 쉬워요.

재료 1회분

☐ 멸치다시마 육수 200ml ☐ 닭다리살 40g ☐ 우유(닭 재우기용) ☐ 양파 40g ☐ 계란 1개
☐ 대파 3g ☐ 밥 100g(한 주걱)

양념 ■ 아기간장 1티스푼 ■ 올리고당 1티스푼 ■ 맛술 0.5티스푼

1. 닭다리살은 껍질 제거 후 먹기 좋게 잘라 우유에 약 20분간 재워주세요. 계란 1개는 풀고 양파는 채썰고 대파는 송송 썰어주세요.

2. 우유를 씻어내고 체에 밭쳐 물기를 뺀 후 팬에 기름을 둘러 닭다리살을 약 2분간 볶아주세요.

3. 멸치다시마 육수를 약 5분간 끓여주세요.

4. 멸치, 다시마를 건져낸 후 양파와 분량의 양념을 넣어 약 8분간 끓여주세요.

5. 구워 놓은 닭다리살을 넣고 계란물을 붓고 대파를 넣어 약 1분간 그대로 끓여주세요. 밥과 함께 그릇에 담아주세요.

TIP

- 닭가슴살로 만들어도 좋으나 닭다리살이 더 부드러워 먹기에 좋습니다. 남은 국물도 함께 비벼서 주세요.
- 닭다리살 껍질은 제거했어요. 껍질과 힘줄 제거는 선택사항입니다.

대패삼겹살덮밥

“얇게 썬 대패삼겹살을 볶아 만든 덮밥입니다. 돼지고기는 질겨서 못 먹는 아이들이 많아요. 그런 아이들한테 좋은 메뉴입니다. 비계는 제거할 수 있는 만큼 제거한 후 볶았어요. 느끼하지 않고 고소한 대패삼겹살덮밥을 만들어보세요.

재료
1회분

□ 대패삼겹살 40g □ 당근 10g □ 양파 10g □ 대파 5g □ 물 50ml □ 밥 100g(한 주걱) □ 통깨

양념 ■ 아기간장 1티스푼 ■ 올리고당 1티스푼 ■ 맛술 0.5티스푼

1. 대패삼겹살은 비계를 최대한 제거하고 먹기 좋게 썰어주세요. 당근과 양파는 잘게 다지고 대파는 송송 썰어주세요.

2. 팬에 기름을 두르지 않고 대패삼겹살을 약 1분간 볶아주세요.

3. 삼겹살에서 나온 기름으로 당근, 양파, 대파를 약 1분간 볶아주세요.

4. 물 50ml와 분량의 양념을 넣어 1분 30초가량 졸여주세요.

5. 가스 불을 끄고 통깨를 뿌려주세요. 밥과 함께 그릇에 담아주세요.

TIP

기름이 많은 비계 부분은 최대한 제거했어요. 비계를 제거해도 삼겹살 자체에 기름이 많기 때문에 따로 기름을 두르지 않았어요.

돈가스덮밥(가츠동)

"엄마표 돈가스를 활용해 만든 한 그릇 밥 요리입니다.
쯔유 없이도 아주 쉽게 일본식 돈가스덮밥을 만들 수 있어요.
간단하면서도 맛있는 돈가스덮밥을 만들어보세요.
그냥 돈가스보다도 육수와 함께 덮밥으로 만들어주는 걸
더 좋아하는 아이들도 많을 거예요.

재료 1회분

□ 돈가스 40g □ 멸치다시마 육수 200ml □ 양파 40g □ 대파 3g □ 계란 1개 □ 밥 100g(한 주걱)

양념 ■ 아기간장 1티스푼 ■ 올리고당 1티스푼 ■ 맛술 0.5티스푼

1. 양파는 채썰고 계란 1개는 풀어주세요. 대파는 송송 썰어주세요.

2. 팬에 기름을 둘러 돈가스를 튀긴 후 먹기 좋게 썰어주세요.

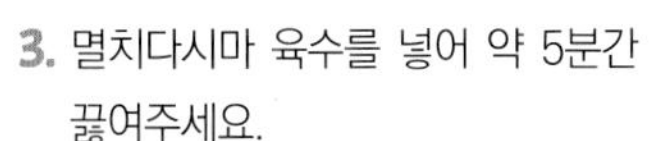

3. 멸치다시마 육수를 넣어 약 5분간 끓여주세요.

4. 멸치, 다시마를 건져낸 후 양파와 분량의 양념을 넣어 약 8분간 끓여주세요.

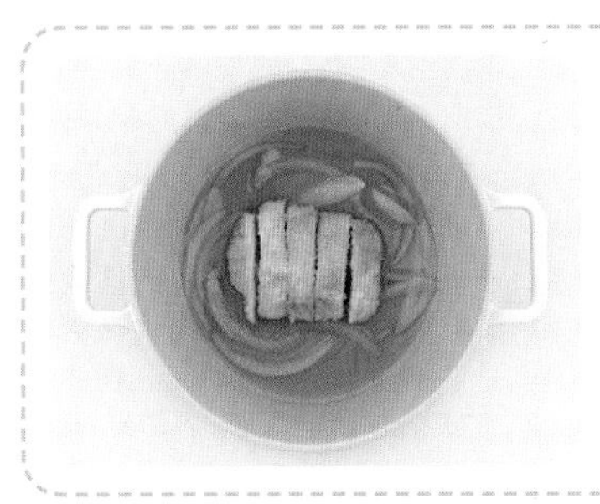

5. 돈가스를 넣고 계란물을 붓고 대파를 넣어 약 1분간 그대로 끓여주세요. 밥과 함께 그릇에 담아주세요.

TIP

- 돈가스 만드는 법은 192p를 참고해주세요. 시판용 돈가스를 활용해서 만들어도 좋아요.
- 양파는 푹 익혀주세요.

두부김조림덮밥

"기본 두부조림에 아이가 좋아하는 김을 추가해 졸여봤어요. 달고 짭조름한 양념에 두부와 김을 졸여서 밥과 함께 먹으면 없던 입맛도 살아난답니다.

재료 1회분

☐ 두부 50g ☐ 구운 김 2g(1장) ☐ 양파 20g ☐ 당근 10g ☐ 대파 3g ☐ 물 100ml ☐ 밥 100g(한 주걱) ☐ 통깨

양념 ■ 아기간장 1티스푼 ■ 올리고당 1티스푼 ■ 참기름 조금

1. 두부는 먹기 좋게 썰어 키친타월로 물기를 제거하고 구운 김은 잘게 부숴주세요. 대파는 송송 썰고 당근과 양파는 잘게 다져주세요.

2. 팬에 기름을 둘러 약 3분간 두부를 구워주세요.

3. 두부를 그릇에 빼고 팬에 기름을 둘러 약 1분간 당근과 양파를 볶아주세요.

4. 물 100ml와 분량의 양념을 넣어 약 1분간 끓여주세요.

5. 구워놓은 두부를 넣고 약 1분간 소스를 끼얹어가며 졸여주세요.

6. 김과 대파를 넣고 잘 섞으며 약 1분간 졸여주세요. 가스 불을 끄고 통깨를 뿌리고 밥과 함께 그릇에 담아주세요.

TIP

김밥용 구운 김 1장을 모두 넣었어요. 아기 김 사용 시에는 1~2봉을 넣어주세요.

두부튀김덮밥

"튀김가루가 아닌 전분가루를 이용해 두부를 튀기면
쫄깃하고 맛있어요. 그냥 먹어도 맛있는 두부튀김에
양념을 더해 덮밥으로 만들어보세요. 튀김에 소스가 버무려져
너무 딱딱하지도 않고 밥에 비벼 먹기에 좋은 식감입니다.

재료
1회분

□ 두부 50g □ 양파 20g □ 당근 10g □ 대파 3g □ 전분가루 1큰숟가락 □ 물 50ml
□ 밥 100g(한 주걱) □ 통깨

양념 ■ 아기간장 1티스푼 ■ 올리고당 1티스푼

1. 두부는 깍둑썰어 키친타월로 물기를 제거해주세요. 대파, 양파, 당근은 잘게 다져주세요.

2. 봉지에 전분가루 1큰숟가락과 두부를 넣고 흔들어 두부에 전분가루를 입혀주세요.

3. 팬에 기름을 넉넉하게 붓고 예열 후 두부가 서로 엉겨 붙지 않도록 떨어뜨려 약 2분간 튀겨주세요.

4. 다른 팬에 기름을 두르고 양파, 당근, 대파를 넣어 약 1분간 볶다가 물 50ml와 분량의 양념을 넣어 약 1분간 끓여주세요.

5. 튀겨놓은 두부를 양념에 넣어 약 1분간 볶아주세요.

6. 가스 불을 끄고 통깨를 뿌려주세요.
밥과 함께 그릇에 담아주세요.

TIP

예열 후 튀겨주세요. 예열을 하지 않으면 기름에서 두부와 전분가루가 분리되어 잘 튀겨지지 않아요. 전분가루를 입힌 두부의 겉면이 익기 전에는 두부가 서로 붙지 않게 떨어뜨려 튀겨주세요.

마파감자덮밥

"마파감자덮밥은 마파두부덮밥 레시피를 응용해서 만든 메뉴예요. 마파는 매운 고추기름을 이용해서 만드는 요리이지만 아이용이라서 된장을 넣어 만들어요. 걸쭉한 된장국에 밥을 말아 먹는 느낌이에요. 감자 대신 두부를 넣어 만들면 아기용 마파두부덮밥이 됩니다.

□ 감자 20g □ 돼지고기 다짐육 20g □ 당근 5g □ 양파 5g □ 애호박 5g □ 다시마 물 200ml
□ 밥 100g(한 주걱) □ 전분물 2큰술가락 □ 통깨

양념 ■ 아기간장 0.5티스푼 ■ 맛술 0.5티스푼 ■ 아기된장 0.5티스푼 ■ 올리고당 1티스푼

1. 당근, 양파, 애호박은 잘게 다지고 감자는 깍둑썰어 물에 약 15분간 담가 전분기를 제거해주세요. 물에 다시마 1장을 약 10분간 넣어 우려 주세요. 전분가루와 물은 1:1 비율로 섞어주세요.

2. 팬에 기름을 둘러 돼지고기를 약 1분간 볶아주세요.

3. 감자를 넣어 약 1분간 볶아주세요.

4. 나머지 야채를 넣어 약 1분간 볶아 주세요.

5. 다시마 우린 물 200ml와 분량의 양념을 넣어 약 5분간 끓여주세요.

6. 전분물을 넣어 농도를 조절해주세요. 가스 불을 끄고 통깨를 뿌리고 밥과 함께 그릇에 담아주세요.

TIP

전분물은 한 번에 넣지 말고 소량씩 나눠서 넣어 농도를 조절해주세요. 전분물을 넣고 빠르게 휘저어야 전분이 뭉치지 않아요.

명란계란덮밥

“저염 명란젓으로 계란덮밥을 만들어봤어요. 비려서 못 먹을까 싶어 30개월이 지나고 처음으로 명란젓으로 음식을 만들어줬는데 맛있다며 잘 먹었어요. 흔한 계란덮밥에 명란젓만 추가했을 뿐인데 특별한 메뉴가 됩니다.

재료 1회분

☐ 저염 명란젓 20g ☐ 계란 1개 ☐ 우유 20ml ☐ 구운 김 1g(1/2장) ☐ 밥 100g(한 주걱) ☐ 대파 3g ☐ 참기름 조금

1. 명란젓은 껍질을 반 갈라 알을 긁어 내 주세요. 대파는 송송 썰고 계란 1개는 풀어주세요. 구운 김은 잘라 실김을 만들어주세요.

2. 계란을 푼 물에 우유 20ml를 섞어주세요.

3. 팬에 기름을 둘러 계란물을 붓고 약 30초간 젓다가 계란이 덩어리지면 명란젓을 넣고 저으며 익혀주세요.

4. 계란을 한쪽으로 밀어두고 기름을 둘러 대파를 약 30초간 볶아주세요. 그릇에 밥을 담고 명란계란스크램블을 올리고 대파와 실김을 올려주세요. 먹기 전에 참기름을 뿌려주세요.

TIP

저염 명란젓을 사용했어요. 저염이어도 아이가 먹기에 짤 수 있으니 명란젓의 양은 아이 입맛에 맞게 조절해주세요.

베이컨갈릭볶음밥

"바삭한 마늘과 베이컨을 볶음밥에 넣어보세요.
마늘을 충분히 볶으면 맵지 않고 감칠맛이 더해져요.
시은이는 조금이라도 매우면 다 뱉어내는데
갈릭볶음밥은 매워하는 내색 하나 없이 맛있어하며 잘 먹었답니다.

□ 베이컨 40g(2줄) □ 마늘 2개 □ 애호박 10g □ 당근 10g □ 밥 100g(한 주걱)

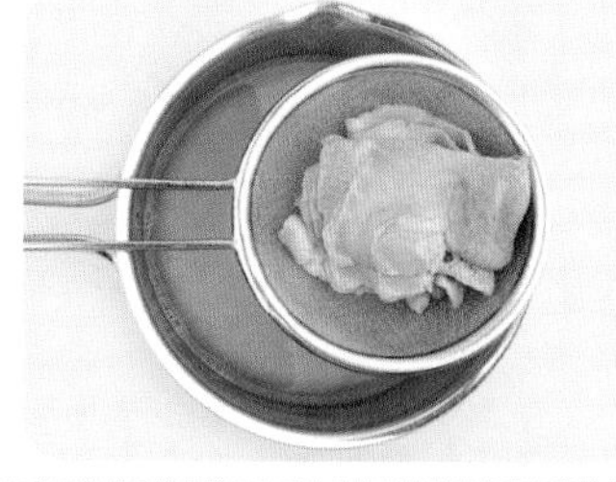

1. 마늘은 편으로 썰어 반으로 자르고 베이컨은 끓는 물에 10초간 데쳐 물기를 제거한 후 먹기 좋게 썰어주세요. 당근과 애호박은 잘게 다져주세요.

2. 팬에 기름을 둘러 마늘을 약 1분간 볶아주세요.

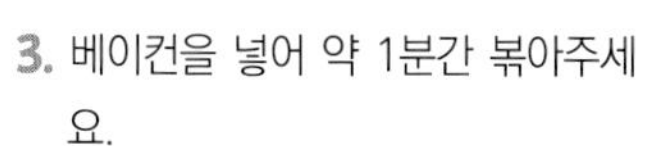

3. 베이컨을 넣어 약 1분간 볶아주세요.

4. 당근과 애호박을 넣어 약 1분간 볶아주세요.

5. 밥을 넣고 잘 섞으며 볶아주세요.

TIP

- 염분이 많은 베이컨은 한 번 데쳐서 요리하는 게 좋아요. 베이컨은 10초 정도만 끓는 물에 데쳐주세요. 너무 오래 데치면 육즙이 다 빠지고 질겨지니 주의해주세요.
- 혹시 아이가 못 먹을까 걱정이 되신다면 편마늘 대신 다진 마늘을 조금만 넣어 만들어보세요. 다진 마늘을 볶을 때는 탈 수 있으므로 약불에서 볶아주세요.

불고기크림리소토

“양념 불고기는 아이 반찬으로 단골 손님이죠. 불고기를 활용해 리소토를 만들어봤어요. 시은이가 정말 맛있게 먹었던 메뉴예요. 자주 만들어주는 양념 불고기로 새로운 메뉴를 만들어주세요. 아이가 정말 잘 먹을 거예요.

재료 1회분

☐ 불고기용 소고기 40g ☐ 당근 10g ☐ 양파 10g ☐ 대파 5g ☐ 다진 마늘 2g ☐ 우유 200ml
☐ 아기치즈 1장 ☐ 밥 100g(한 주걱) ☐ 파슬리가루(선택)

양념 ■ 물 50ml ■ 아기간장 1티스푼 ■ 올리고당 1티스푼 ■ 맛술 0.5티스푼

1. 불고기용 소고기는 키친타월로 핏물을 빼고 먹기 좋게 썰어주세요. 당근과 양파, 마늘은 다지고 대파는 송송 썰어주세요.

2. 불고기용 소고기와 야채를 약 20분간 분량의 양념에 재워주세요.

3. 양념된 불고기를 약 1분간 볶아주세요.

4. 우유 200ml를 부어 약 2분간 끓여주세요.

5. 밥을 넣고 잘 섞으며 약 1분간 끓여주세요.

6. 아기치즈를 넣고 잘 섞어 녹여주세요.

TIP

고기를 잘 못 씹는 아이라면 소고기 다짐육으로 만들어도 좋아요.

새송이버섯덮밥

"아이가 버섯을 안 좋아했는데 새송이버섯덮밥은 잘 먹었어요"라는 후기가 많았던 메뉴입니다. 유산슬의 맛과 비주얼이 나는 요리를 집에서 간단하게 만들어보세요. 완밥 보장 메뉴입니다.

재료 1회분

☐ 미니 새송이버섯 30g ☐ 당근 10g ☐ 양파 10g ☐ 애호박 10g ☐ 대파 5g ☐ 전분물 2큰술가락 ☐ 통깨 ☐ 밥 100g(한 주걱) ☐ 물 200ml

양념 ■ 아기간장 1티스푼 ■ 굴소스 0.5티스푼 ■ 올리고당 0.5티스푼 ■ 참기름 조금

1. 미니 새송이버섯, 당근, 양파, 애호박, 대파를 채썰어주세요. 물과 전분가루를 1:1 비율로 섞어 전분물을 만들어주세요.

2. 팬에 기름을 둘러 당근, 양파, 애호박을 약 1분간 볶아주세요.

3. 미니 새송이버섯과 대파를 넣어 약 1분간 볶아주세요.

4. 물 200ml와 분량의 양념을 넣어 약 3분간 끓여주세요.

5. 전분물 2큰술가락을 넣어 농도를 조절해주세요.

6. 가스 불을 끄고 통깨를 뿌려주세요. 그릇에 밥과 함께 담아주세요.

TIP

- 미니 새송이버섯을 사용했어요. 일반 새송이버섯을 사용한다면 작게 잘라서 만들어주세요.
- 굴소스를 섭취하기에 이른 저연령 아이들은 굴소스만 생략하고 만들어주세요.
- 전분물은 소량씩 넣어보면서 농도를 맞춰주세요. 빠르게 저어야 뭉치지 않아요.

소고기가지계란덮밥

"소고기가지볶음에 계란을 추가해 만든 덮밥입니다.
소고기와 가지를 동시에 맛있게 먹일 수 있는 메뉴예요.

재료 1회분

□ 소고기 다짐육 40g □ 가지 20g □ 양파 20g □ 대파 5g □ 계란 1개 □ 밥 100g(한 주걱)
□ 물 100ml

양념 ■ 물 100ml ■ 아기간장 1티스푼 ■ 올리고당 1티스푼 ■ 참기름 조금

1. 소고기 다짐육은 키친타월로 핏물을 빼고 계란 1개는 풀어주세요. 가지와 양파는 깍둑 썰고 대파는 송송 썰어주세요.

2. 팬에 기름을 둘러 핏기가 사라질 때까지 약 1분간 소고기를 볶아주세요.

3. 가지와 양파를 넣어 약 2분간 같이 볶아주세요.

4. 양파가 투명해지면 물 100ml와 분량의 양념을 넣어 약 2분간 끓여주세요.

5. 양념이 자작하게 졸아들면 계란물을 붓고 대파를 넣어 약 1분간 더 끓여주세요. 밥과 함께 그릇에 담아주세요.

TIP

가지의 식감을 싫어한다면 가지를 잘게 잘라 조리해주세요.

소고기덮밥(규동)

“규동은 양파와 소고기를 달달하게 끓여 밥 위에 올려 먹는
일본식 소고기덮밥입니다. 일본에서는 쯔유를 이용해서 만드는데
쯔유 없이도 맛있게 만들 수 있어요. 육수에 소불고기를 끓여
촉촉한 소고기덮밥을 만들어주세요.
우리 아이 최애 메뉴가 될 거예요.

재료 1회분

□ 불고기용 소고기 40g □ 계란 1개 □ 양파 40g □ 대파 3g □ 멸치다시마 육수 200ml
□ 밥 100g(한 주걱)

양념 ■ 아기간장 1티스푼 ■ 올리고당 1티스푼 ■ 맛술 0.5티스푼

1. 양파는 채썰고 대파는 송송 썰어주세요. 불고기용 소고기는 키친타월로 핏물을 빼고 먹기 좋게 썰어주세요. 계란은 풀어주세요.

2. 멸치다시마 육수를 넣어 약 5분간 끓여주세요.

3. 멸치, 다시마를 건져낸 후 양파와 분량의 양념을 넣어 약 8분간 끓여주세요.

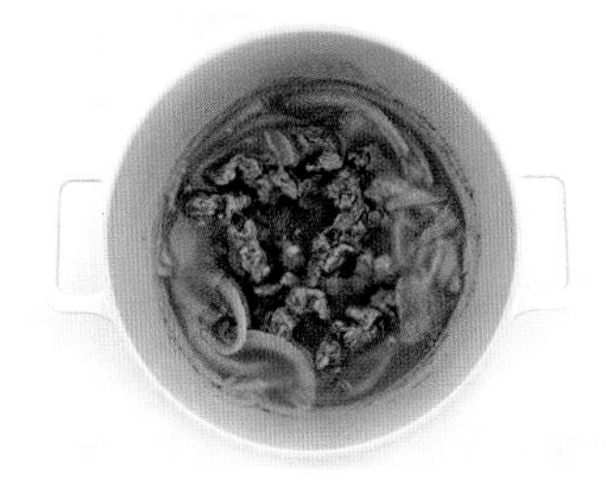

4. 불고기용 소고기를 넣어 약 1분간 끓여주세요.

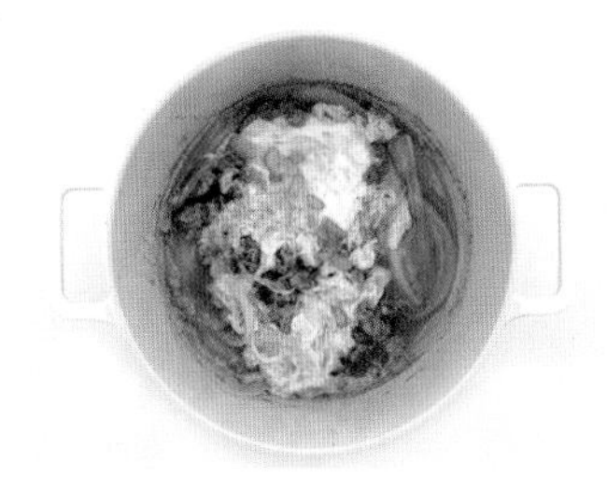

5. 계란물을 붓고 대파를 넣어 약 1분간 그대로 끓여주세요. 밥과 함께 그릇에 담아주세요.

TIP

소고기는 육수에 오래 끓이면 질겨지니 주의해주세요.

소고기카레볶음밥

"카레 향이 강해서 카레를 좋아하지 않는 아이들에게
추천하는 메뉴예요. 소고기카레볶음밥은 카레 향이 강하지 않고
간도 따로 안 해도 돼서 실패 없이 만들 수 있는 요리랍니다.

재료 1회분

☐ 소고기 다짐육 30g ☐ 당근 10g ☐ 애호박 10g ☐ 양파 10g ☐ 카레가루 1티스푼
☐ 참기름 조금 ☐ 밥 100g(한 주걱)

1. 소고기 다짐육은 키친타월로 핏물을 빼고 당근, 애호박, 양파는 잘게 다져주세요.

2. 팬에 기름을 둘러 소고기 다짐육을 약 1분간 볶아주세요.

3. 야채를 넣어 야채가 익을 때까지 약 1분간 볶아주세요.

4. 밥을 넣어 볶다가 카레가루를 2번에 나눠 넣어 볶아주세요. 참기름을 넣어 마무리해주세요.

TIP

카레가루는 뭉칠 수 있으니 최소 2번에 나눠서 넣어주세요.

소고기파인애플볶음밥

"파인애플을 구우면 당도가 더 높아져 훨씬 맛있어요.
파인애플을 그냥 구워줘 볼까 하다가
동남아식 파인애플볶음밥이 떠올라 만든 음식입니다.
정석대로라면 피쉬소스를 넣지만 아이용이라
간장으로만 간을 했어요.

재료 1회분

□ 소고기 다짐육 30g □ 파인애플 20g □ 당근 10g □ 애호박 10g □ 양파 10g
□ 밥 100g(한 주걱) □ 아기간장 1티스푼

1. 소고기 다짐육은 키친타월로 핏물을 빼고 파인애플은 먹기 좋게 썰어주세요. 당근, 애호박, 양파는 잘게 다져주세요.

2. 팬에 기름을 둘러 소고기를 약 1분간 볶아주세요.

3. 다진 야채를 넣어 약 1분간 볶다가 파인애플을 넣어 약 1분간 더 볶아주세요.

4. 밥과 아기간장 1티스푼을 넣고 잘 섞으며 볶아주세요.

TIP

굴소스를 추가해도 맛있어요. 개월 수가 어린 아이에게는 사용량을 주의해주세요.

순두부계란덮밥

BEST

"계란덮밥과는 다른 맛으로, 고소하고 부드러운 순두부계란덮밥이에요. 계란을 안 좋아하는 아이도 잘 먹었다는 후기가 많았습니다. 부드러워서 아침 메뉴로 줄 때나, 감기 걸린 아이에게 추천해요.

□ 순두부 50g □ 계란 1개 □ 당근 20g □ 양파 20g □ 애호박 20g □ 대파 10g □ 물 100ml
□ 아기간장 1티스푼 □ 참기름 조금 □ 전분물 2큰숟가락 □ 밥 100g(한 주걱)

1. 당근, 양파, 애호박, 대파는 잘게 다지고 전분가루와 물을 1:1 비율로 섞어주세요. 계란은 풀어서 순두부와 섞어주세요.

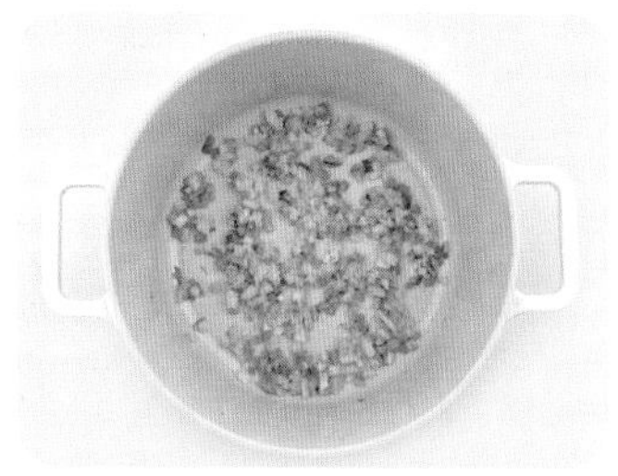

2. 냄비에 기름을 둘러 야채가 익을 때까지 약 1분간 볶아주세요.

3. 물 100ml를 붓고 계란을 섞은 순두부를 넣어 약 2분간 끓여주세요.

4. 아기간장 1티스푼, 참기름을 넣어 간을 맞춰주세요.

5. 전분물을 부어 농도를 조절해주세요. 밥과 함께 그릇에 담아주세요.

양배추크림리소토

"양배추를 볶으면 달큰해지는데 거기에 우유를 부어
크림소스를 만들면 맛있는 양배추 요리가 됩니다.
밥을 넣어 리소토를 만들어보세요. 양배추를 싫어하는 아이들도
잘 먹을 수 있어요.

재료 1회분

☐ 양배추 30g ☐ 양파 30g ☐ 베이컨 40g(2줄) ☐ 우유 200ml ☐ 아기치즈 1장
☐ 밥 100g(한 주걱) ☐ 파슬리가루(선택)

1. 양배추와 양파는 채칼을 이용하여 얇게 채썰어주세요. 베이컨은 끓는 물에 10초간 데쳐 물기를 제거한 후 먹기 좋게 썰어주세요.

2. 팬에 기름을 둘러 양배추를 약 2분간 볶다가 양파를 넣어 약 1분간 더 볶아주세요.

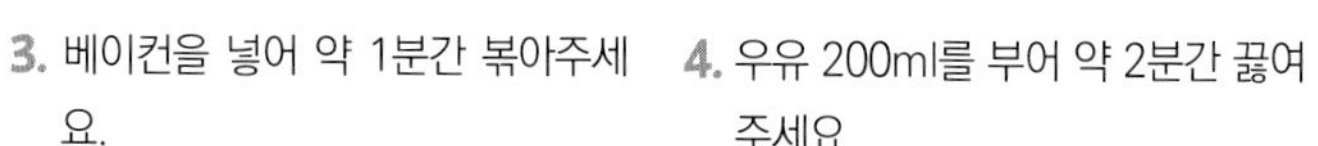

3. 베이컨을 넣어 약 1분간 볶아주세요.

4. 우유 200ml를 부어 약 2분간 끓여주세요.

5. 밥을 넣고 잘 섞으며 약 1분간 끓여주세요.

6. 아기치즈를 넣고 녹여주세요.

TIP

- 양배추는 채칼을 이용하여 최대한 얇게 채썰어주세요. 채칼이 없다면 칼을 이용해서 최대한 얇게 채썰어주세요.
- 베이컨과 아기치즈를 넣어 따로 간을 하지 않았어요.

양파감자덮밥

"양파계란덮밥 응용 메뉴입니다. 감자를 푹 익혀 감자와 계란의 부드러운 식감을 느낄 수 있고, 달콤한 소스가 어우러진 맛있는 감자양파덮밥이에요. 인스타그램에서 후기가 좋았던 메뉴 중 하나입니다.

재료 1회분

☐ 감자 30g ☐ 양파 30g ☐ 계란 1개 ☐ 다시마 물 150ml ☐ 대파 3g ☐ 밥 100g(한 주걱) ☐ 통깨

양념 ■ 아기간장 1티스푼 ■ 올리고당 1티스푼 ■ 맛술 0.5티스푼

1. 감자와 양파는 채썰고 감자는 약 15분간 물에 담가 전분기를 제거해주세요. 계란 1개는 풀어주세요. 물에 다시마 1장을 넣고 약 10분간 우려주세요.

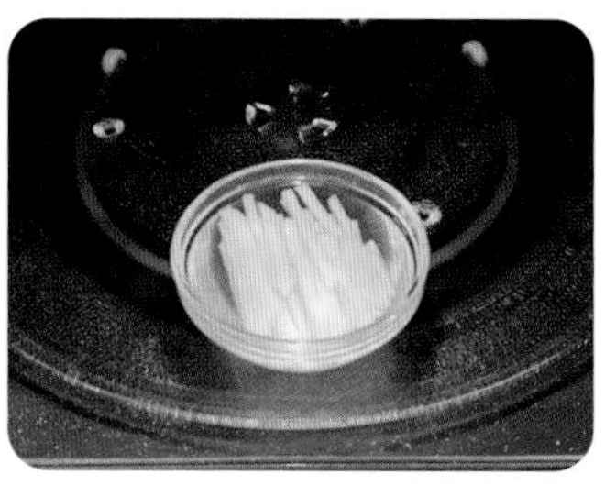

2. 감자가 잠길 정도로 물을 붓고 전자레인지에서 1분간 돌려 살짝 익힌 뒤 체에 밭쳐 물기를 빼주세요.

3. 팬에 기름을 둘러 양파를 약 5분간 볶아주세요.

4. 감자를 넣어 약 1분간 볶아주세요.

5. 다시마 우린 물과 분량의 양념을 넣어 약 5분간 끓여주세요.

6. 계란물을 붓고 대파를 넣어 약 1분간 그대로 끓여주세요. 밥과 함께 그릇에 담고 통깨를 뿌려주세요.

TIP

감자는 팬에 넣기 전에 전자레인지에 돌려 살짝 익혀야 팬에서 볶을 때 태우지 않고 속까지 익힐 수 있어요.

양파계란덮밥

BEST

" 앞의 양파감자덮밥과 더불어 완밥 보장 메뉴입니다.
인스타그램에서 정말 많은 엄마들이
완밥 후기를 보내줬던 메뉴예요. 양파와 계란만으로도
간단하면서도 정말 맛있는 한끼를 만들 수 있어요.

재료 1회분

□ 양파 50g □ 계란 1개 □ 대파 3g □ 다시마 물 150ml □ 김가루 조금 □ 밥 100g(한 주걱) □ 통깨

양념 ■ 아기간장 1티스푼 ■ 올리고당 1티스푼 ■ 맛술 0.5티스푼

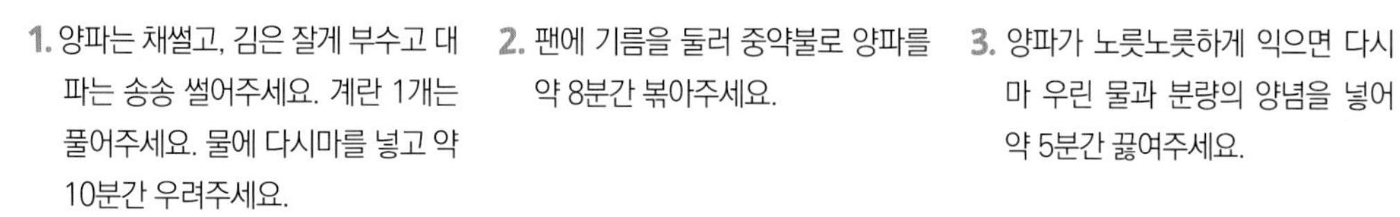

1. 양파는 채썰고, 김은 잘게 부수고 대파는 송송 썰어주세요. 계란 1개는 풀어주세요. 물에 다시마를 넣고 약 10분간 우려주세요.

2. 팬에 기름을 둘러 중약불로 양파를 약 8분간 볶아주세요.

3. 양파가 노릇노릇하게 익으면 다시마 우린 물과 분량의 양념을 넣어 약 5분간 끓여주세요.

4. 계란물을 붓고 대파를 넣어 약 1분간 그대로 끓여주세요. 밥과 함께 그릇에 담고 통깨와 김가루를 뿌려주세요.

TIP

- 양파는 최대한 오래 볶아야 맛있어요. 양파가 타지 않게 중약불로 오래 볶아주세요.
- 맛술은 생략해도 좋아요.

콘치즈덮밥

“옥수수를 좋아하는 시은이를 위해 만든 메뉴입니다.
아이들은 밥 사이사이에서 톡톡 터지는
옥수수의 식감을 재미있어해요.
치즈와 옥수수의 조합이 맛있는 메뉴랍니다.

재료 1회분

☐ 스위트콘(혹은 옥수수알) 30g ☐ 베이컨 40g(2줄) ☐ 애호박 10g ☐ 양파 10g ☐ 아기치즈 1장
☐ 밥 100g(한 주걱) ☐ 파슬리가루(선택)

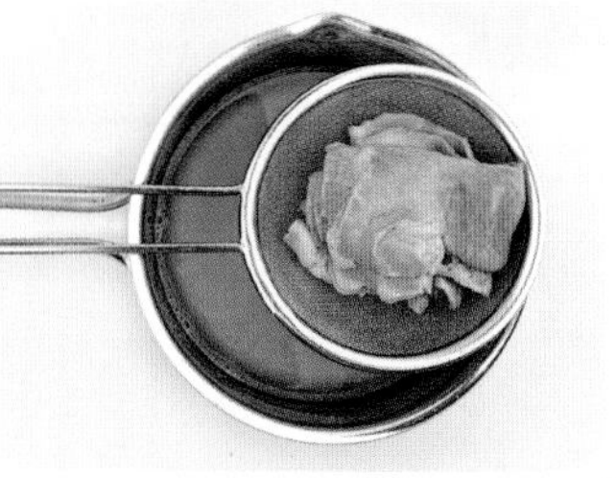

1. 양파와 애호박은 잘게 다져주세요. 베이컨은 끓는 물에 10초간 데쳐 물기를 제거한 후 먹기 좋게 썰어주세요.

2. 팬에 기름을 둘러 베이컨을 약 1분간 볶다가 양파와 애호박을 넣어 약 1분간 볶아주세요.

3. 옥수수를 넣어 약 1분간 볶다가 밥을 넣어 약 1분간 볶아주세요.

4. 그릇에 볶음밥을 담고 그 위에 아기치즈를 올려주세요. 전자레인지에서 40초 돌려 치즈를 녹여주세요.

5. 치즈가 녹으면 옥수수를 조금 더 올리고 파슬리가루를 뿌려주세요.

TIP

초당옥수수가 나오는 시기에는 초당옥수수를 삶아 만들었어요. 옥수수가 나오지 않는 시기에는 캔 옥수수를 사용해도 좋아요.

크래미수프덮밥

“아침에 부드럽게 먹을 수 있는 수프덮밥입니다. 시은이가 정말 좋아했던 메뉴예요. 크래미수프덮밥만 만들어주면 입을 쩍쩍 벌려 잘 받아먹었어요. 게살을 넣어 만든 게살수프덮밥에서 게살을 크래미로 바꿔 만든 메뉴입니다.

재료 수프 2회분

☐ 크래미 40g(2개) ☐ 계란 1개 ☐ 팽이버섯 10g ☐ 당근 20g ☐ 애호박 20g ☐ 양파 20g
☐ 물 250ml ☐ 전분물 2큰숟가락 ☐ 밥 100g(한 주걱)

1. 크래미는 결대로 찢고 팽이버섯은 밑동을 제거한 후 가로로 반으로 잘라주세요. 당근, 애호박, 양파는 잘게 다지고 계란물을 풀어주세요. 전분가루와 물을 1:1 비율로 섞어주세요.
2. 당근, 애호박, 양파를 기름에 약 1분간 볶아주세요.
3. 물을 붓고 크래미와 팽이버섯을 넣어 약 1분간 끓여주세요.

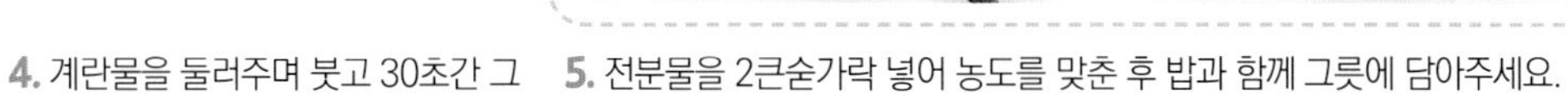

4. 계란물을 둘러주며 붓고 30초간 그대로 익혀주세요. 계란이 덩어리지면 저어주세요.
5. 전분물을 2큰숟가락 넣어 농도를 맞춘 후 밥과 함께 그릇에 담아주세요.

TIP

- 크래미를 처음 섭취하는 아이라면 살짝 데쳐서 염분을 제거한 후 요리해도 좋아요.
- 전분물은 소량씩 나눠서 넣으며 농도를 맞춰주세요. 빠르게 저어야 뭉치지 않아요.

훈제오리고기볶음밥

“아이들이 좋아하는 반찬인 훈제오리고기로 볶음밥을 만들어주세요. 염분을 어느 정도 제거했지만 짭조름해서 다른 간을 하지 않아도 맛있어요.

재료 1회분

☐ 훈제오리 40g ☐ 당근 10g ☐ 애호박 10g ☐ 양파 10g ☐ 밥 100g(한 주걱)

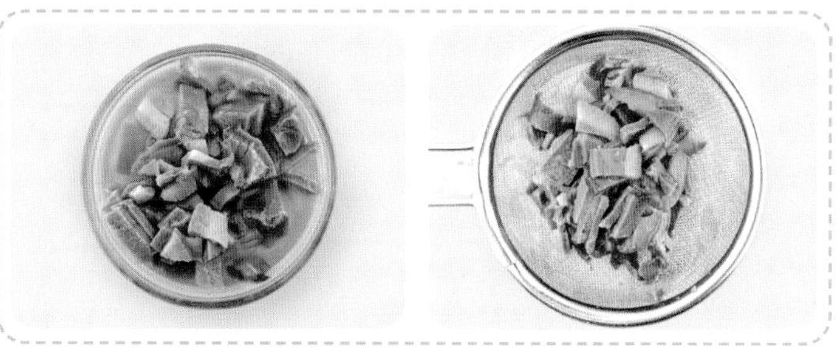

1. 당근, 애호박, 양파는 잘게 다지고 훈제오리고기는 먹기 좋게 썰어주세요.
2. 오리고기에 뜨거운 물을 부어 담근 뒤, 약 1분 후 체에 밭쳐 물을 빼주세요.

3. 팬에 기름 없이 오리고기와 야채를 넣어 약 2분간 볶아주세요(오리고기에서 나오는 기름으로 볶아요).
4. 밥을 넣고 야채와 잘 섞으며 볶아주세요.

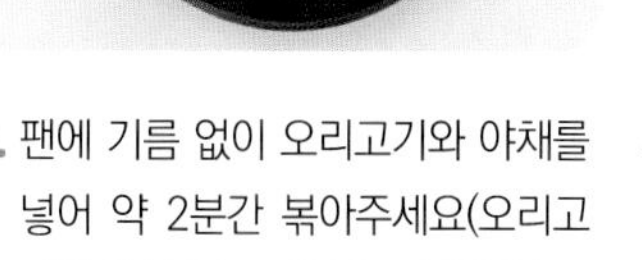

TIP

- 훈제오리고기는 아이가 먹기에는 기름과 염분이 많아 뜨거운 물에 살짝 담가 기름과 염분기를 제거하세요. 너무 오래 담가두면 오리고기가 질겨지니 살짝만 담가주세요.
- 기름과 염분을 어느 정도 제거했다고 해도 기름과 염분이 남아있으므로 오리고기에서 나온 기름으로 재료를 볶아주고 따로 간을 하지 않았어요. 혹시 간이 센 것을 좋아하는 아이라면 2번 과정은 생략해도 좋아요. 기름이 너무 많이 제거되어 재료가 잘 볶아지지 않는다면 식용유를 약간만 넣어주세요.

수프와 국

반찬 없이 국만 있어도 영양분 섭취가 충분하도록 영양 가득한 국을 준비했어요. 수프는 빵과 함께 곁들여주면 아침 대용으로 좋아요.

감자들깻국

"들깻가루의 고소함과 감자의 부드러움이 만난 감자들깻국이에요. 들깻가루가 들어간 음식을 아이가 좋아할까 고민하며 만들던 요리였는데 예상 외로 잘 먹었던 메뉴입니다.

□ 멸치다시마 육수 600ml □ 감자 100g □ 양파 60g □ 들깻가루 1큰술가락 □ 아기간장 1티스푼

1. 감자와 양파를 깍둑썰어주세요.

2. 멸치다시마 육수를 약 10분간 끓여주세요.

3. 멸치, 다시마를 건져내고 감자를 넣어 약 5분간 끓이다가 양파를 넣어 약 5분간 더 끓여주세요.

4. 들깻가루 1큰술가락과 아기간장 1티스푼을 넣어 약 5분간 끓여주세요.

감자양파수프와 크루통 BEST

"시은이에게 만들어줬던 첫 수프 메뉴였어요. 돈가스나 떡갈비를 줄 때 같이 주기도 하고 아침에 식빵과 함께 곁들여주기도 했어요. 입맛이 없을 때나 애피타이저로 추천드려요.

재료 4회분

☐ 감자 100g ☐ 양파 100g ☐ 무염버터 10g ☐ 물 200ml ☐ 우유 200ml ☐ 아기치즈 1장
☐ 아기소금 1꼬집 ☐ 식빵 1/4장 ☐ 파슬리가루(선택)

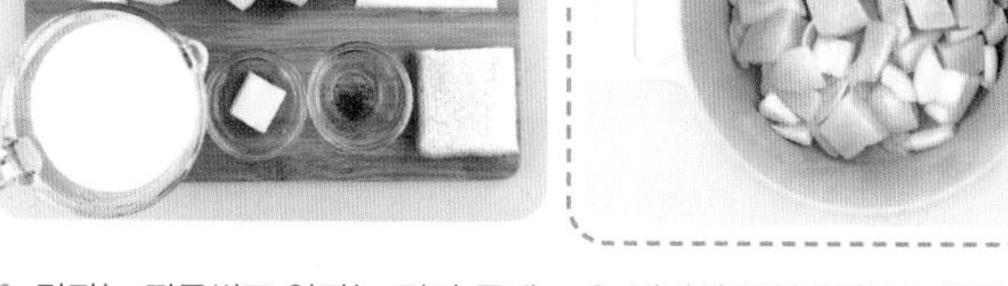

1. 감자는 깍둑썰고 양파는 먹기 좋게 썰어주세요.

2. 냄비에 무염버터를 녹이고 감자와 양파를 넣어 약 3분간 볶다가 물 200ml를 붓고 약 5분간 끓여주세요.

3. 우유 200ml를 붓고 핸드블렌더나 믹서기로 갈아주세요.

4. 갈아놓은 재료를 약 2분간 끓이다가 아기소금 1꼬집과 아기치즈를 넣고 잘 섞어 녹여주세요.

5. 식빵을 손톱만 한 크기로 작게 잘라주세요.

6. 팬에 기름을 두르지 않고 약불에서 굴리며 약 3분간 수분을 날려 노릇노릇해질 때까지 볶아주세요. 수프 위에 크루통과 파슬리가루를 올려주세요.

TIP

- 크루통을 만들 때는 마른 팬에 굽기 때문에 센 불에서 구우면 빵가루가 탈 수 있어요. 중약불에서 오래 구워주세요. 버터를 녹여 구워도 좋아요.
- 무염버터 대신 식용유를 사용해도 좋아요.
- 핸드블렌더가 없으면 믹서기로 갈아주세요.

계란감잣국

"계란을 넣은 국은 부드러워서 아이들이 호로록 잘 먹을 수 있어요.
감자를 푹 익혀 끓인 계란감잣국은 아침 메뉴로도 좋아요.
푹 익힌 감자를 으깨서 밥과 함께 먹으면 금상첨화랍니다.

재료
3회분

☐ 멸치다시마 육수 600ml ☐ 감자 100g ☐ 계란 2개 ☐ 양파 50g ☐ 대파 10g
☐ 아기간장 1티스푼 ☐ 아기소금 1꼬집

1. 감자와 양파를 깍둑썰고 대파는 송송 썰고 계란은 풀어주세요.

2. 멸치다시마 육수를 약 10분간 끓여주세요.

3. 멸치, 다시마를 건져내고 감자와 양파를 넣어 약 10분간 끓여주세요.

4. 계란물을 빙 둘러주며 붓고 약 1분간 젓지 말고 그대로 익혀주세요. 계란물을 바로 저으면 국물이 탁해지니 주의해주세요.

5. 아기간장 1티스푼과 아기소금 1꼬집을 넣어 간을 맞추고 대파를 넣어 약 3분간 끓여주세요.

TIP

계란물을 붓고 바로 저으면 국물이 탁해지니 계란이 익은 후에 저어주세요.

계란된장국

"제가 어렸을 때는 밥에 계란프라이를 올리고 된장국을 넣어
비벼먹는 걸 좋아했어요. 그 맛을 생각하고 만든 메뉴입니다.
된장국에 계란을 넣어서 만들어보세요.
계란의 고소함이 된장의 구수함과 정말 잘 어울려요.

재료 3회분

☐ 멸치다시마 육수 600ml ☐ 계란 2개 ☐ 애호박 60g ☐ 양파 60g ☐ 대파 10g
☐ 아기된장 1티스푼

1. 애호박은 반달로 썰고 양파는 먹기 좋게 썰어주세요. 대파는 어슷썰고 계란은 풀어주세요.

2. 멸치다시마 육수를 약 10분간 끓여주세요.

3. 멸치, 다시마를 건져내고 아기된장 1티스푼을 풀고 양파와 애호박을 넣어 약 10분간 끓여주세요.

4. 계란물을 빙 둘러주며 붓고 약 1분간 그대로 익혀주세요. 바로 저으면 국물이 탁해지니 주의해주세요.

5. 대파를 넣고 약 3분간 끓여주세요.

TIP

계란물을 붓고 바로 저으면 국물이 탁해지니 계란이 익은 후에 저어주세요.

고구마브로콜리수프

"브로콜리를 싫어하는 우리 아이에게 브로콜리를 먹이고 싶으시다면 고구마브로콜리수프를 만들어보세요. 고구마의 달콤함이 브로콜리와 만나 고소한 수프가 만들어집니다. 아침 메뉴나 간식으로도 좋아요.

☐ 고구마 120g ☐ 브로콜리 40g ☐ 양파 40g ☐ 물 200ml ☐ 우유 200ml ☐ 아기치즈 1장
☐ 아기소금 1꼬집 ☐ 무염버터 10g

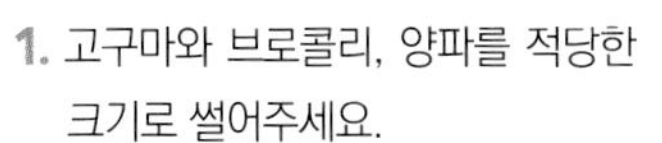

1. 고구마와 브로콜리, 양파를 적당한 크기로 썰어주세요.

2. 냄비에 무염버터를 녹여 양파와 고구마를 약 3분간 볶다가 브로콜리를 넣어 약 1분간 볶아주세요.

3. 물 200ml를 부어 약 5분간 끓여주세요.

4. 우유 200ml를 붓고 핸드블렌더나 믹서기로 갈아주세요.

5. 갈아놓은 재료를 약 2분간 끓이다가 아기소금 1꼬집과 아기치즈를 넣고 잘 섞어 녹여주세요. 재료를 갈기 전 브로콜리 1조각을 빼놓고 완성 후 수프 위에 올려도 좋아요.

TIP

- 핸드블렌더가 없으면 믹서기로 갈아주세요.
- 무염버터 대신 식용유를 사용해도 좋아요.

김된장국

"김을 좋아하는 시은이는 된장국에 밥을 말아 먹을 때도 김을 꼭 달라고 했어요. 된장국에 김을 퐁당 넣어서 먹는 걸 좋아하는 시은이를 위해 만든 요리입니다. 된장국에 잘 풀어진 김이 부드러워서 어린 아이들도 잘 먹을 수 있어요.

재료 3회분

☐ 멸치다시마 육수 600ml ☐ 애호박 80g ☐ 양파 80g ☐ 대파 10g ☐ 구운 김 4g(2장)
☐ 아기된장 1티스푼

1. 애호박은 반달로 썰고 대파는 송송 썰어주세요. 양파는 먹기 좋게 썰고 김은 잘게 잘라주세요.

2. 멸치다시마 육수를 10분간 끓여주세요.

3. 멸치, 다시마를 건져내고 육수에 아기된장 1티스푼을 풀고 양파와 애호박을 넣어 약 10분간 끓여주세요.

4. 대파와 김을 넣어 약 3분간 끓여주세요.

다시마감잣국

“일반적으로 국물을 내는 용도로 사용하는 다시마로 국을 끓여보세요.
다시마는 국물을 내는 데만 사용하는 줄 아는 분들에게는
새로운 요리가 될 거예요. 국 재료로 사용하니 또 다른 맛이 난답니다.
시은이는 다시마의 오독오독 씹히는 맛을 좋아했어요.

재료
3회분

□ 멸치 육수 600ml □ 감자 100g □ 양파 50g □ 다시마 5장 □ 대파 10g □ 아기간장 1티스푼

1. 마른 다시마는 가위로 잘게 자르고 양파와 감자는 깍둑썰고 대파는 송송 썰어주세요. 감자는 물에 20분간 담가 전분기를 빼주세요.

2. 멸치 육수를 약 5분간 끓여주세요.

3. 멸치를 건져낸 후 다시마와 감자, 양파를 넣어 약 10분간 끓여주세요.

4. 아기간장 1티스푼을 넣어 간을 맞추고 대파를 넣어 약 3분간 더 끓여주세요.

TIP

마른 다시마는 가위로 잘라주세요. 다시마는 오래 끓이면 진액이 나오고 쓴맛이 올라올 수 있으니 주의해주세요.

수프와 국
08

단호박수프

"그냥 쪄서 먹어도 맛있는 단호박, 달콤한 단호박을 수프로 만들어보세요. 간단하게 아침을 먹을 때 식빵과 함께 단호박수프를 곁들이면 아침 대용으로 좋아요.

재료 2회분

☐ 단호박 120g ☐ 우유 150ml ☐ 아기치즈 1장 ☐ 파슬리가루(선택)

1. 그릇에 소량의 물과 함께 단호박을 담아서 전자레인지에서 약 4분간 돌려 익혀주세요.

2. 씨를 제거하고 속을 파주세요.

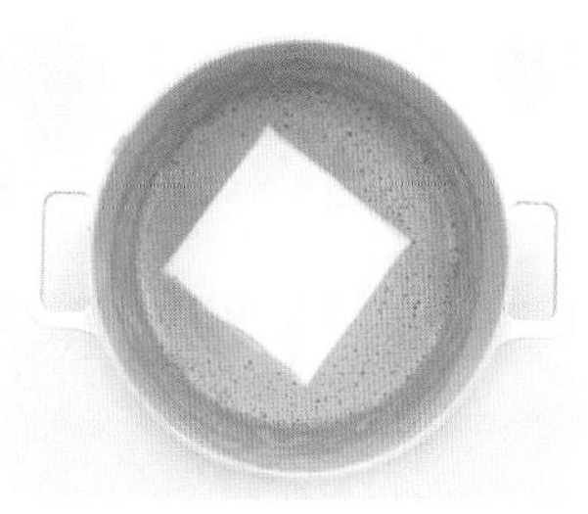

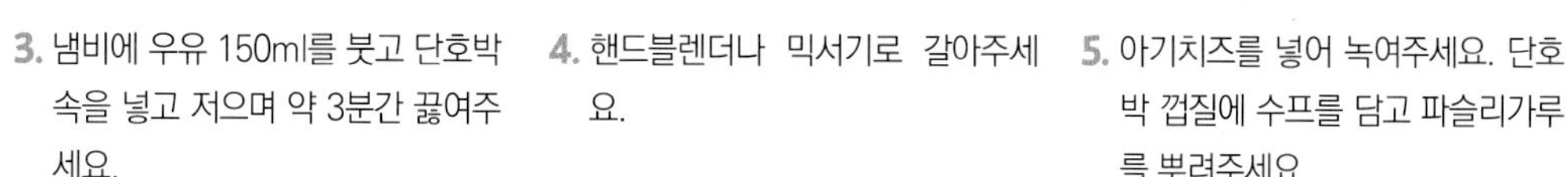

3. 냄비에 우유 150ml를 붓고 단호박 속을 넣고 저으며 약 3분간 끓여주세요.

4. 핸드블렌더나 믹서기로 갈아주세요.

5. 아기치즈를 넣어 녹여주세요. 단호박 껍질에 수프를 담고 파슬리가루를 뿌려주세요.

TIP

- 미니 단호박으로 만들었어요. 일반 단호박으로 만들 때는 전자레인지에서 단호박 찌는 시간을 늘리고 우유 양도 늘려주세요.
- 간은 따로 하지 않아도 맛있지만 간이 부족하다면 아기소금으로 간을 맞춰주세요.

닭개장

"보양식으로 자주 만들었던 메뉴입니다. 닭개장 한 그릇이면 다른 반찬이 필요 없어요. 닭개장이라고 하면 어려워 보이지만 전혀 어렵지 않아요. 우리 아이 보양식, 직접 만들어주세요.

재료 3회분

□ 물 800ml □ 닭가슴살 120g □ 콩나물 50g □ 느타리버섯 50g □ 대파 20g □ 다진 마늘 3g
□ 아기간장 1.5티스푼 □ 아기소금 1꼬집

1. 느타리버섯은 가닥을 분리하고 마늘은 다지고 대파는 송송 썰어주세요.

2. 닭가슴살을 약 10분간 삶아주세요.

3. 닭가슴살을 건져내 결대로 찢어주세요.

4. 닭가슴살을 삶아낸 육수에 닭가슴살, 콩나물, 느타리버섯, 대파, 다진 마늘을 넣어 약 30분간 끓여주세요. 아기간장 1.5티스푼과 아기소금 1꼬집을 넣어 간을 맞춰주세요.

TIP

닭가슴살 대신 닭다리살로 만들어도 좋아요. 닭다리살로 만들면 기름이 많고 부드러운 닭개장이 되고, 닭가슴살로 만들면 기름기 없고 담백한 닭개장이 완성됩니다.

된장미역국

"아이들이 좋아하는 된장국과 미역국의 조합입니다.
된장국과 미역국을 좋아하지 않는 아이도 된장미역국은
잘 먹었다는 후기가 많았던 메뉴입니다. 된장 향이 은은하게
나는 미역국 맛은 아이들의 입맛을 사로잡기에 충분해요.

재료 3회분

☐ 물 600ml ☐ 마른 미역 5g(불리기 전) ☐ 두부 90g ☐ 다진 마늘 3g ☐ 참기름 1큰숟가락 ☐ 아기된장 1티스푼 ☐ 아기간장 1티스푼

1. 미역은 물에 약 10분간 불린 후 물에 한두 번 헹구고 체에 밭쳐 물기를 빼주세요. 두부는 깍둑썰고 마늘은 다져주세요.

2. 냄비에 참기름을 둘러 약 3분간 미역을 볶아주세요.

3. 물 600ml를 붓고 다진 마늘과 아기간장 1티스푼을 넣고 아기된장 1티스푼을 풀어 약 10분간 끓여주세요.

4. 두부를 넣어 약 5분간 끓여주세요.

TIP

간이 부족하다면 된장을 더 넣기보다는 간장이나 소금으로 간을 더해주세요.

된장순두부

"빨간 국물의 얼큰한 순두부탕은 아이들이 먹을 수 없어 된장 베이스의 순두부탕을 만들었어요. 얼큰한 순두부탕에서는 맛볼 수 없는 구수함을 담은 된장순두부국입니다. 된장국에 일반 두부를 넣는 것보다도 부드럽고 고소하고 맛있답니다.

재료
3회분

☐ 멸치다시마 육수 600ml ☐ 순두부 120g ☐ 계란 2개 ☐ 양파 50g ☐ 애호박 50g ☐ 대파 10g ☐ 아기된장 1티스푼

1. 계란 2개는 풀고 애호박은 반달로 썰어주세요. 대파는 송송 썰고 양파는 깍둑썰어주세요.

2. 멸치다시마 육수를 약 10분간 끓여주세요.

3. 멸치, 다시마를 건져내고 아기된장 1티스푼을 풀고 양파와 애호박을 넣어 약 10분간 끓여주세요.

4. 순두부를 넣어 약 3분간 끓여주세요.

5. 계란물을 빙 둘러주며 붓고 약 1분간 그대로 끓여주세요. 대파를 넣어 약 2분간 더 끓여주세요.

TIP

계란물을 붓고 바로 저으면 국물이 탁해지니 계란이 익은 후에 저어주세요.

맑은대구탕

“생선을 좋아하는 시은이를 위해 끓인 탕입니다. 무와 대구, 콩나물을 넣어 끓여내 시원한 국물을 맛볼 수 있어요. 아이 국을 만들고 국이 남으면 고춧가루와 소금을 더 넣어 매운 대구탕으로 변신시켜 엄마, 아빠도 맛있는 대구탕을 맛보시길 바랍니다.

재료 3회분

☐ 멸치다시마 육수 600ml ☐ 무 50g ☐ 대구 100g ☐ 대파 10g ☐ 콩나물 50g ☐ 양파 30g
☐ 다진 마늘 3g ☐ 아기간장 1티스푼 ☐ 아기소금 1꼬집

1. 대구는 먹기 좋게 썰고 양파는 채썰어주세요. 무는 나박썰고, 대파는 송송 썰고, 마늘은 다져주세요.

2. 멸치다시마 육수를 약 10분간 끓여주세요.

3. 멸치, 다시마를 건져내고 무를 넣어 약 10분간 끓여주세요.

4. 양파와 대구를 넣어 약 5분간 끓여주세요.

5. 콩나물과 다진 마늘을 넣고 아기간장 1티스푼과 아기소금 1꼬집을 넣어 약 3분간 끓여주세요.

6. 대파를 넣어 약 3분간 더 끓여주세요.

TIP

손질된 냉동 대구를 사용했어요.

밥새우매생이떡국

"매생이는 생각보다 요리하기에 쉬운 식재료예요.
건조 매생이는 보관도 쉬워서 냉동실에서 그때그때 꺼내어 국 끓이기에 좋아서
매생이국을 자주 끓여줬어요. 밥새우매생이국에 떡만 추가하여 끓이면
밥새우매생이떡국이 완성됩니다. 매생이의 식감이 부드럽고 미역국과 비슷해서
좋아하는 아이들이 많아요.

☐ 멸치다시마 육수 800ml ☐ 밥새우 2큰숟가락 ☐ 떡 100g(조랭이 떡 20개) ☐ 건조 매생이 3g
☐ 다진 마늘 5g ☐ 아기간장 1.5티스푼 ☐ 아기소금 1꼬집

1. 조랭이 떡은 물에 30분간 불리고 마늘은 다져주세요.

2. 멸치다시마 육수를 약 10분간 끓여주세요.

3. 멸치, 다시마를 건져내고 육수에 건조 매생이, 밥새우를 넣어 약 5분간 끓여주세요.

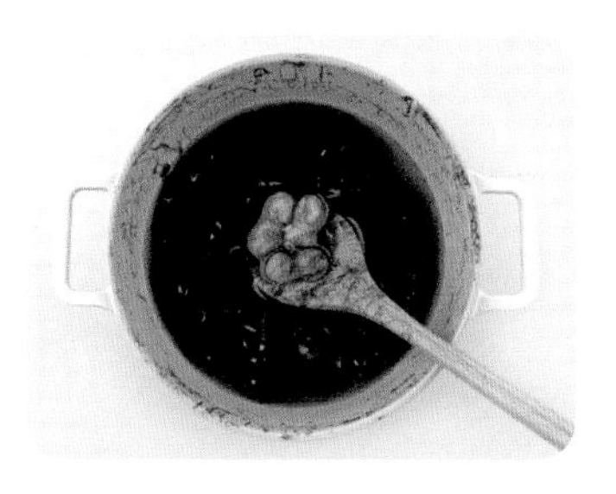

4. 다진 마늘, 아기간장 1.5티스푼, 아기소금 1꼬집을 넣어 간을 맞추고 떡을 넣어 떡이 익을 정도로 약 10분간 끓여주세요.

TIP

조랭이 떡 대신 떡국 떡으로 끓여도 좋아요. 밥 대용으로 먹는다면 떡을 추가해서 끓여주세요.

배추콩나물국

"알배추에 콩나물을 더해 만든 구수하면서도
시원한 맛의 된장국입니다. 알배추는 일반 배추보다
줄기 부분이 여려서 국으로 끓여 푹 익히면
부드럽게 맛볼 수 있어요.

재료 3회분

☐ 멸치다시마 육수 600ml ☐ 콩나물 50g ☐ 알배추 80g ☐ 대파 10g ☐ 아기된장 1티스푼

1. 알배추를 먹기 좋은 크기로 썰고 대파는 송송 썰어주세요.

2. 멸치다시마 육수를 약 10분간 끓여주세요.

3. 멸치, 다시마를 건져내고 아기된장 1티스푼을 풀고 콩나물과 알배추를 넣어 약 15분간 끓여주세요.

4. 콩나물과 알배추가 익으면 대파를 넣어 약 3분간 더 끓여주세요.

새우뭇국

"새우를 넣어 뭇국을 끓여보세요.
소고기뭇국보다 더 맛있는 뭇국이 됩니다.
무와 새우가 굉장히 잘 어울리고 새우 육수가 시원해요.

재료 3회분

☐ 멸치다시마 육수 600ml ☐ 무 120g ☐ 새우 150g(15마리) ☐ 다진 마늘 3g ☐ 대파 10g
☐ 밥새우 1큰숟가락 ☐ 아기간장 1티스푼

1. 무는 나박썰고 대파는 송송 썰고 마늘은 다져주세요.

2. 멸치다시마 육수를 약 10분간 끓여주세요.

3. 멸치, 다시마를 건져내고 무를 넣어 약 10분간 끓여주세요.

4. 무가 익으면 다진 마늘, 아기간장 1티스푼을 넣어 간을 맞추고 새우를 넣어 약 2분간 끓여주세요.

5. 밥새우와 대파를 넣어 약 3분간 더 끓여주세요.

TIP

무는 푹 익혀주세요. 밥새우는 생략해도 좋아요.

새우순두부계란탕

"시원한 새우 육수에 순두부와 계란의
부드러운 식감이 더해진 순두부계란탕입니다.
뜨끈한 새우순두부계란탕 한 그릇이면
밥 한 그릇 뚝딱할 수 있답니다.

☐ 멸치다시마 육수 800ml ☐ 새우 120g(12마리) ☐ 순두부 200g ☐ 대파 10g ☐ 계란 2개
☐ 아기간장 1.5티스푼 ☐ 아기소금 1꼬집

1. 계란 2개는 풀고 대파는 어슷썰어 주세요.
2. 멸치다시마 육수를 약 10분간 끓인 다음 멸치와 다시마는 건져내고 새우를 넣어 약 5분간 끓여주세요.

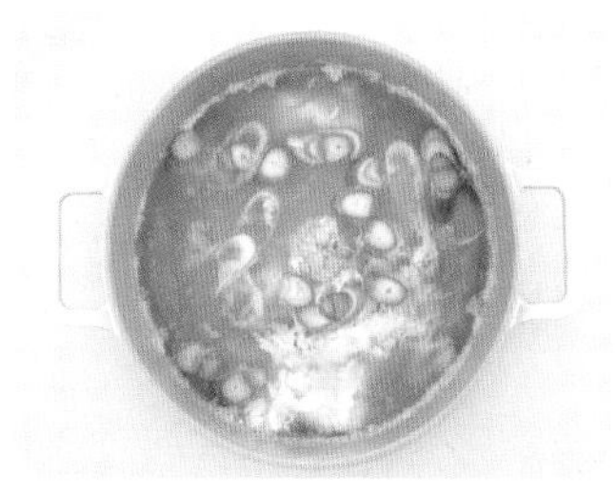

3. 순두부를 숭덩숭덩 잘라 넣어주세요.
4. 계란물을 빙 둘러 붓고 약 1분간 그대로 익혀주세요. 계란물을 바로 저으면 국물이 탁해지니 주의해주세요.
5. 아기간장 1.5티스푼, 아기소금 1꼬집을 넣어 간을 맞추고 대파를 넣어 약 3분간 끓여주세요.

소고기당면국

"나주식 곰탕 또는 갈비탕을 연상케 하는 메뉴입니다.
어렵게만 느껴졌던 곰탕과 갈비탕을 쉽고 간단하게 끓일 수 있어요.
인스타그램에서 아이가 잘 먹었다는 후기가 많았던 인기 메뉴입니다.

☐ 물 900ml ☐ 국거리용 소고기(양지) 150g ☐ 계란 2개 ☐ 당면 40g(불리기 전) ☐ 대파 20g
☐ 아기간장 1.5티스푼 ☐ 아기소금 1꼬집 ☐ 다진 마늘 4g ☐ 참기름 1큰숟가락

1. 소고기 양지는 먹기 좋게 썰어 키친 타월로 핏물을 빼고 당면은 30분간 물에 불려주세요. 계란 2개는 풀어주고 마늘은 다지고 대파는 송송 썰어주세요.

2. 냄비에 참기름을 둘러 핏기가 사라질 때까지 소고기를 약 2분간 볶아주세요.

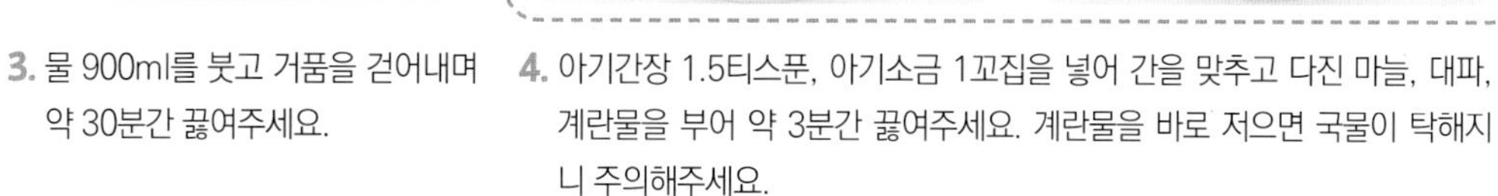

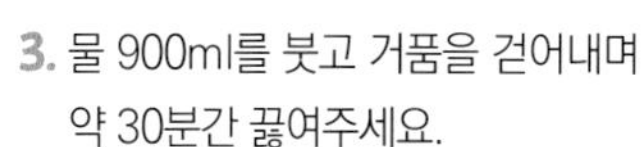

3. 물 900ml를 붓고 거품을 걷어내며 약 30분간 끓여주세요.

4. 아기간장 1.5티스푼, 아기소금 1꼬집을 넣어 간을 맞추고 다진 마늘, 대파, 계란물을 부어 약 3분간 끓여주세요. 계란물을 바로 저으면 국물이 탁해지니 주의해주세요.

5. 당면을 넣어 약 5분간 끓여주세요.

TIP

- 소고기를 잘 못 씹는다면 손으로 찢어서 만들어도 좋아요.
- 당면은 먹을 때마다 새로 넣어서 끓여주세요. 한 번에 많이 넣으면 나중에 먹을 때 불어서 맛이 없어요.

소고기뭇국

"달큰한 무와 소고기의 깊은 맛이 일품인 소고기뭇국은
아이들이 좋아하는 국 종류 중 하나예요.
푹 익힌 무는 부드러워서 아침 메뉴로도 좋아요.

재료 4회분

□ 물 900ml □ 국거리용 소고기(양지) 150g □ 무 120g □ 대파 10g □ 다진 마늘 4g
□ 참기름 2큰숟가락 □ 아기간장 1.5티스푼 □ 아기소금 1꼬집

1. 소고기 양지는 먹기 좋게 썰어 키친 타월로 핏물을 빼고 무는 나박썰어 주세요. 마늘은 다지고 대파는 송송 썰어주세요.

2. 냄비에 참기름을 둘러 약 2분간 소고기를 볶아주세요.

3. 무를 넣어 약 5분간 볶아주세요.

4. 물 900ml를 붓고 거품을 걷어내며 약 30분간 끓여주세요.

5. 아기간장 1.5티스푼, 아기소금 1꼬집을 넣어 간을 맞추고 다진 마늘과 대파를 넣어 약 5분간 끓여주세요.

TIP

• 무가 익을 때까지 오래 끓여주세요. 무가 익기 전에 육수가 졸아들면 물을 더 부어가며 끓여주세요.
• 소고기 부위로는 국거리용인 양지, 사태를 사용하거나 구이용인 등심, 안심, 채끝살, 부챗살 등도 좋아요.

소고기미역국

“사랑하는 우리 아이의 첫 돌, 맛있는 미역국을 끓여주고 싶은 마음에 서툰 솜씨로 미역국을 끓였던 때가 생각이 납니다. 아이의 첫 생일을 시작으로 평소에도 자주 끓이게 된 소고기미역국, 진하게 우려낸 소고기 육수의 미역국은 다른 반찬 없이도 우리 아이의 든든한 한끼를 책임져요.

재료 4회분

☐ 물 800ml ☐ 국거리용 소고기(양지) 150g ☐ 마른 미역 5g(불리기 전) ☐ 다진 마늘 4g
☐ 참기름 2큰술가락 ☐ 아기간장 1.5티스푼 ☐ 아기소금 1꼬집

1. 미역은 물에 약 10분간 불린 후 물에 한두 번 헹구고 체에 밭쳐 물기를 빼주세요. 소고기 양지는 먹기 좋게 썰어 키친타월로 핏물을 빼고 마늘은 다져주세요.

2. 냄비에 참기름을 둘러 약 2분간 소고기를 볶아주세요.

3. 미역을 넣어 약 3분간 볶아주세요.

4. 물 800ml를 붓고 거품을 걷어내며 약 20분간 끓여주세요.

5. 아기간장 1.5티스푼, 아기소금 1꼬집을 넣어 간을 맞추고 다진 마늘을 넣어 약 5분간 끓여주세요.

TIP

• 자른 미역을 사용했어요. 자른 미역이 아니라면 미역을 불린 후 잘게 잘라주세요.
• 소고기 부위로는 국거리용인 양지, 사태를 사용하거나 구이용인 등심, 안심, 채끝살, 부챗살 등도 좋아요.
• 담백한 맛을 위해서는 10분 정도만 끓여도 돼요. 진하게 우려낸 맛의 미역국을 위해서는 30분 이상 끓여주세요.

순두부콩나물국

"순두부찌개를 해주고 싶었지만 아직 매운 걸 못 먹는 시은이가
먹을 수 있도록 맑은 콩나물국에 순두부를 넣어 만든 요리예요.
콩나물국에 그냥 두부를 넣은 것과는 또 다른 느낌의 음식이에요.
부드러운 순두부를 넣어 만들어보세요.

재료 3회분

□ 멸치다시마 육수 600ml □ 순두부 160g □ 콩나물 80g □ 다진 마늘 3g □ 대파 10g
□ 아기간장 1티스푼 □ 아기소금 1꼬집

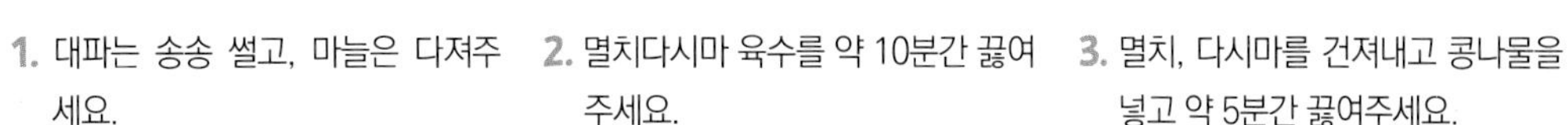

1. 대파는 송송 썰고, 마늘은 다져주세요.
2. 멸치다시마 육수를 약 10분간 끓여주세요.
3. 멸치, 다시마를 건져내고 콩나물을 넣고 약 5분간 끓여주세요.

4. 순두부는 숭덩숭덩 잘라 넣어 약 3분간 끓여주세요.
5. 다진 마늘, 대파, 아기간장 1티스푼, 아기소금 1꼬집을 넣고 5분간 더 끓여주세요.

TIP

콩나물국을 끓일 때 냄비 뚜껑을 열었다 닫았다 하면 비린내가 날 수 있어요. 처음부터 아예 열고 끓이거나 아예 닫고 끓여주세요.

시금치된장국

"된장의 구수함과 함께 부드럽게 먹기 좋은 시금치된장국을 소개합니다. 시금치는 나물무침뿐 아니라 국 재료로도 사용할 수 있어요. 시금치나물은 싫어해도 부드러운 시금치된장국은 잘 먹는 아이들이 많아요. 시금치된장국으로 시금치 먹이기에 도전해보세요.

□ 멸치다시마 육수 600ml □ 시금치 100g □ 애호박 70g □ 양파 50g □ 대파 10g
□ 다진 마늘 3g □ 아기된장 1티스푼

1. 애호박은 반달로 썰고 양파는 먹기 좋게 썰고 대파는 송송 썰어주세요. 시금치는 뿌리를 제거하고 끓는 물에 약 30초간 데쳐 흐르는 물에 헹군 후 체에 밭쳐 물기를 빼주세요.

2. 멸치다시마 육수를 약 10분간 끓여주세요.

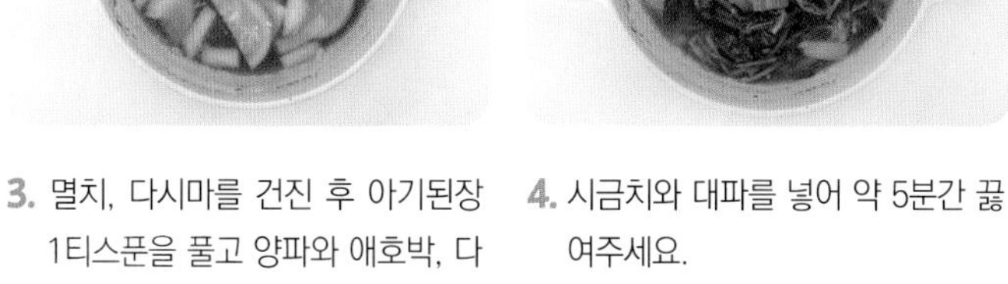

3. 멸치, 다시마를 건진 후 아기된장 1티스푼을 풀고 양파와 애호박, 다진 마늘을 넣어 약 10분간 끓여주세요.

4. 시금치와 대파를 넣어 약 5분간 끓여주세요.

TIP

국을 끓이기 전에 시금치를 살짝 데쳐 흙이나 이물질을 제거해요. 시금치를 너무 오래 끓이면 물러질 수 있으니 주의해주세요.

애호박두부젓국

"애호박두붓국에 새우젓을 넣어 감칠맛이 더해진
애호박두부젓국입니다. 젓갈로 간을 해서 젓국이라고 해요.
애호박의 달큰한 맛에 새우젓이 더해져
맛있는 국이 완성됩니다.

☐ 멸치다시마 육수 600ml ☐ 애호박 100g ☐ 두부 100g ☐ 양파 60g ☐ 대파 10g
☐ 다진 마늘 3g ☐ 새우젓 1티스푼

1. 애호박은 반달로 썰고 두부는 깍둑 썰어주세요. 양파는 채썰고 대파는 어슷썰고 마늘은 다져주세요.

2. 멸치다시마 육수를 약 10분간 끓여 주세요.

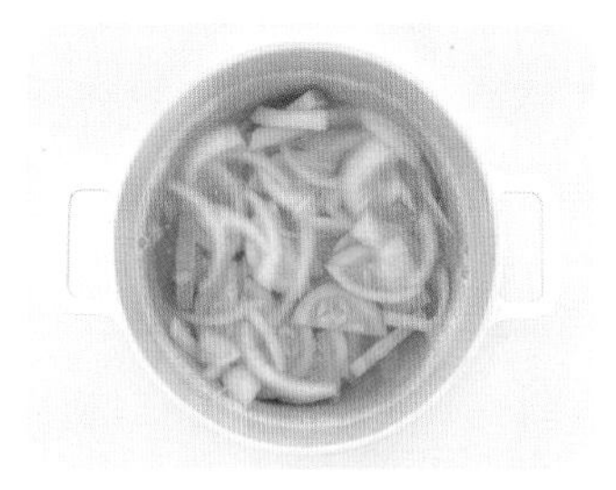

3. 멸치, 다시마를 건져내고 애호박과 양파를 넣어 약 10분간 끓여주세요.

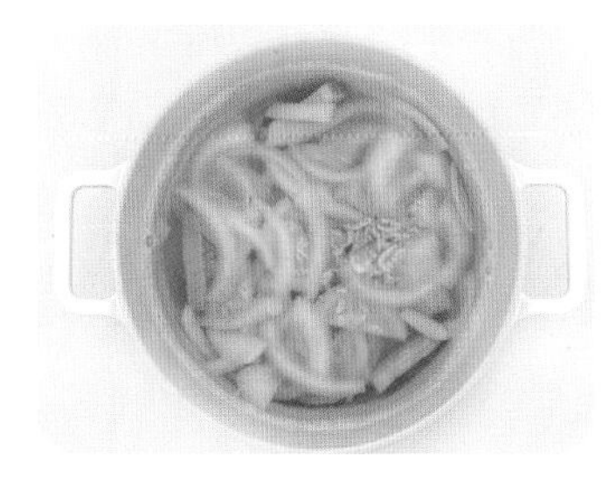

4. 다진 마늘, 새우젓 1티스푼을 넣고 간을 맞춰주세요.

5. 두부와 대파를 넣고 약 5분간 끓여 주세요.

양송이수프

"패밀리레스토랑에서 먹던 양송이수프를 밀가루와 생크림 없이도 집에서 만들 수 있어요. 시은이는 수프를 워낙 좋아하는데 시판용 수프는 아이에게 너무 자극적이어서 집에서 만들어줬답니다.

재료 4회분

- ☐ 양송이버섯 70g(3개) ☐ 감자 70g ☐ 양파 70g ☐ 무염버터 10g ☐ 물 200ml ☐ 우유 200ml
- ☐ 아기치즈 1장 ☐ 아기소금 2꼬집 ☐ 파슬리가루(선택)

1. 양송이버섯, 감자, 양파를 적당한 크기로 썰어주세요(볶은 후에 갈 을 거라서 크기는 많이 크지만 않으면 돼요).

2. 냄비에 무염버터를 녹이고 감자와 양파를 약 3분간 볶아주세요.

3. 양송이버섯을 넣어 약 1분간 볶다가 물 200ml를 부어 5분간 끓여주세요.

4. 우유 200ml를 붓고 핸드블렌더나 믹서기로 갈아주세요.

5. 아기소금 2꼬집을 넣어 간을 맞추고 약 2분간 끓여주세요. 아기치즈를 넣어 약 1분간 끓여주세요. 볼에 담고 파슬리가루를 뿌려주세요.

TIP

- 무염버터 대신 일반 식용유를 사용해도 좋아요.
- 핸드블렌더나 믹서기를 이용해 볶은 재료를 갈아주세요. 재료를 갈기 전에 데코용 양송이버섯은 하나 빼놓고 완성 후 수프 위에 올려주세요. 그럼 센스도 만점!

콘수프

“시은이가 수프 중에서 제일 좋아하는 메뉴입니다.
고소하고 달콤하고 맛있는 콘수프를 집에서 만들어보세요.
부드러운 콘수프는 빵과 잘 어울려요.
간단한 아침 메뉴로도 추천드려요.

재료 2회분

□ 스위트콘(혹은 옥수수알) 70g □ 양파 40g □ 무염버터 4g □ 물 100ml □ 우유 100ml
□ 아기치즈 1장 □ 파슬리가루(선택)

1. 양파는 적당한 크기로 썰고 캔 옥수수는 체에 받쳐 물기를 빼주세요.

2. 냄비에 무염버터를 녹이고 양파를 약 1분간 볶다가 옥수수를 넣어 약 1분간 볶아주세요.

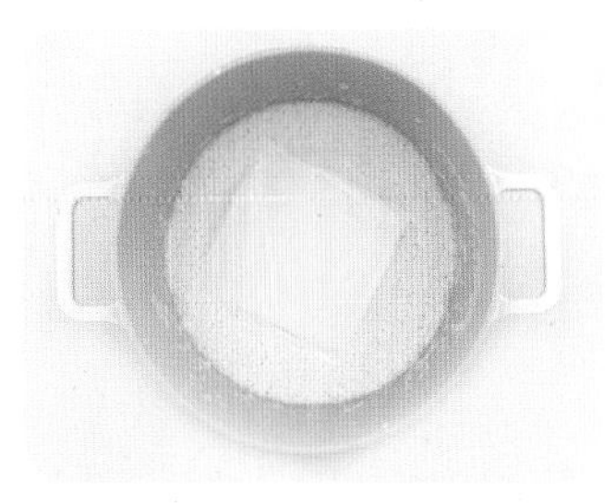

3. 물 100ml를 부어 약 3분간 끓여주세요.

4. 우유 100ml를 붓고 핸드블렌더나 믹서기로 갈아주세요.

5. 갈아놓은 재료를 약 2분간 끓이다가 아기치즈를 넣고 잘 섞어 녹여주세요. 그릇에 수프를 붓고 옥수수를 올리고 파슬리가루를 뿌려주세요.

TIP

초당옥수수 수확 시기에는 초당옥수수를 직접 찐 후에 알을 분리해서 만들면 좋아요. 옥수수 철이 아니라면 캔 옥수수를 이용해서 만들어보세요.

크래미계란국

"게살수프 느낌이 나는 크래미계란국이에요.
크래미로 다양한 요리를 할 수 있지만 국으로 끓여도
정말 맛있답니다. 크래미로 부드러운 계란국을
끓여보세요.

□ 멸치다시마 육수 600ml □ 크래미 80g(4개) □ 계란 2개 □ 양파 30g □ 팽이버섯 30g □ 대파 10g □ 아기간장 1티스푼

1. 크래미는 결대로 찢고, 팽이버섯은 밑동을 제거한 후 가로로 반으로 잘라주세요. 양파는 채썰고 대파는 어슷썰어주세요. 계란 2개는 풀어주세요.

2. 멸치다시마 육수를 약 10분간 끓여주세요.

3. 멸치, 다시마를 건져내고 육수에 양파, 크래미, 팽이버섯을 넣어 약 5분간 끓여주세요.

4. 양파가 익으면 계란물을 빙 둘러주며 붓고 약 1분간 그대로 익혀주세요. 계란물을 바로 저으면 국물이 탁해지니 주의해주세요.

5. 아기간장 1티스푼을 넣어 간을 맞추고 대파를 넣어 약 3분간 더 끓여주세요.

TIP

- 간을 따로 하지 않아도 맛있어요. 간장을 넣기 전에 간을 보고 싱겁다면 간장을 넣어주세요.
- 크래미를 처음 섭취한다면 끓는 물에 살짝 데쳐 염분을 제거한 후 조리해주세요.

반찬

우리 아이에게 편식 없는 식습관을 만들어줄 반찬 메뉴예요.
손쉽게 구할 수 있는 재료로 만든 밑반찬부터 단백질 가득한
고기 반찬까지 아이들에게 인기 만점인 반찬들의 총 집합입니다.
아이들 성장에 꼭 필요한 영양 가득한 반찬들을 만나보세요.

가지된장볶음

"가지를 간장으로만 볶지 말고 색다르게 된장을 넣어 볶아보세요.
된장의 구수한 향이 달달한 양념과 어우러진 메뉴입니다.

□ 가지 60g □ 양파 30g □ 대파 3g □ 다진 마늘 2g □ 통깨

양념 ■ 물 20ml ■ 아기간장 1티스푼 ■ 아기된장 0.5티스푼 ■ 설탕 1티스푼

1. 가지는 반 갈라 어슷썰고 양파는 채 썰어주세요. 대파는 송송 썰고 마늘은 다져주세요.

2. 팬에 기름을 둘러 다진 마늘을 약 30초간 볶다가 양파를 넣어 약 1분간 볶아주세요.

3. 가지를 넣어 약 3분간 볶아주세요.

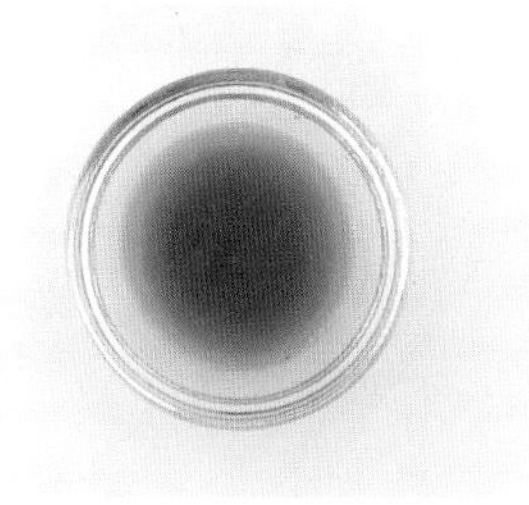

4. 분량의 양념을 섞어 소스를 만들어 주세요.

5. 대파와 소스를 넣어 약 2분간 볶아 주세요. 가스 불을 끄고 통깨를 뿌려주세요.

반찬
02

가지치즈구이

"인스타그램에서 후기가 좋았던 메뉴입니다. 가지를 먹이고 싶은 엄마들에게 추천하는 메뉴예요. 케첩을 아주 얇게 펴발라 만들어 케첩 맛이 은은하게 나서 시은이가 좋아했던 기억이 납니다. 간단 버전의 가지피자입니다.

재료 1회분

□ 가지 30g □ 아기치즈 1장 □ 케첩 조금 □ 파슬리가루(선택)

1. 가지를 얇게 썰어주세요.

2. 기름 없이 마른 팬에 약 1분간 가지를 구워주세요.

3. 가스 불을 잠시 끄고 케첩을 얇게 펴 발라 주세요.

4. 아기치즈를 잘라 가지 위에 올려주세요.

5. 약한 불에서 치즈를 녹여주세요. 그릇에 담고 파슬리가루를 뿌려주세요.

TIP

가지는 얇게 썰고 케첩은 얇게 펴발라 주세요.

가지크로켓

"
가지의 물컹한 식감을 싫어하는 아이가 많아요.
저도 어렸을 때 그 식감 때문에 가지를 무척이나 싫어했어요.
하지만 가지크로켓은 바삭바삭해서 가지의 식감을 싫어하는
아이들한테도 인기 만점입니다.

재료 1회분

☐ 가지 30g ☐ 부침가루 ☐ 빵가루 ☐ 계란 1개 ☐ 파슬리가루(선택)

1. 가지는 어슷썰고 계란은 풀어주세요.

2. 가지에 부침가루-계란물-빵가루 옷을 차례대로 입혀주세요.

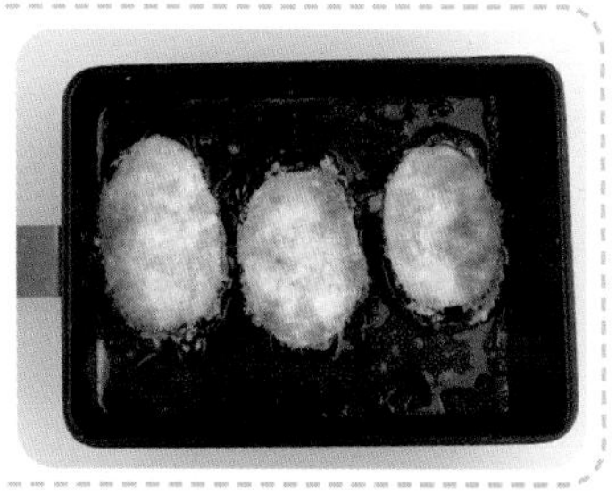

3. 팬에 기름을 넉넉하게 붓고 예열 후 가지를 튀겨주세요. 먹기 전에 파슬리가루를 뿌려주세요.

TIP

부침가루 대신 밀가루나 튀김가루를 사용해도 좋아요.

감자김볶음

"
감자볶음은 아이 밥상에 자주 올라가는 기본 반찬입니다.
기본 감자볶음에 김을 추가했어요. 김과 감자의 만남,
재료 이름만 듣고도 아이들이 좋아할 것 같은 메뉴입니다.
일반 감자볶음에 김만 넣어 볶았을 뿐인데 간단하지만
색다른 감자볶음이 탄생했어요.

재료 2회분

□ 감자 60g □ 당근 10g □ 구운 김 2g(1장) □ 물 30ml □ 아기소금 1꼬집 □ 통깨

1. 감자와 당근은 채썰고 구운 김은 잘게 부숴주세요. 감자는 약 15분간 물에 담가 전분기를 빼주세요.

2. 감자는 체에 밭쳐 물기를 빼주세요.

3. 팬에 기름을 두르고 감자와 당근을 넣어 약 3분간 볶아주세요.

4. 물 30ml를 부어 약 1분간 볶다가 아기소금 1꼬집을 넣어 간을 맞춰주세요. 김을 넣고 잘 섞으며 약 1분간 볶아주세요.

5. 가스 불을 끄고 통깨를 뿌려주세요.

TIP

김밥용 구운 김 1장을 모두 사용했어요. 아기 김 사용 시에는 1~2봉을 넣어주세요.

고구마볶음

"고구마는 간식용 식재료로 생각하는 분들이 많으시죠.
고구마도 반찬이 될 수 있어요. 고구마를 볶아보세요.
간단하게 볶기만 해도 최고의 반찬이 된답니다.

재료 2회분

□ 고구마 100g □ 아기소금 1꼬집 □ 통깨

1. 고구마를 채썰어 약 15분간 물에 담가 전분기를 제거하고 체에 밭쳐 물기를 빼주세요.

2. 팬에 기름을 두른 다음 아기소금 1꼬집을 넣어 약 5분간 고구마를 볶아주세요.

3. 가스 불을 끄고 통깨를 뿌려주세요.

TIP

고구마는 얇게 채썰어야 볶을 때 속까지 익힐 수 있어요. 전분기를 제거하지 않으면 볶을 때 서로 엉겨붙을 수 있으니 전분기를 꼭 제거해주세요.

고구마우유조림

"그냥 먹어도 맛있는 고구마이지만 아이가 먹기에 퍽퍽하게 느껴질 때가 있어요. 이럴 때는 우유를 넣어 더 촉촉하고 부드러운 반찬으로 만들어보세요.

재료
2회분

☐ 고구마 100g(1개) ☐ 우유 100ml ☐ 무염버터 5g ☐ 파슬리가루(선택)

1. 고구마는 깍둑썰고 약 15분간 물에 담가 전분기를 제거해주세요.

2. 그릇에 고구마가 잠길 정도로 물을 붓고 전자레인지에 2분간 돌려 고구마를 익혀주세요.

3. 물기를 제거한 후 팬에 무염버터를 녹여 고구마를 노릇하게 구워주세요.

4. 고구마의 표면이 노릇노릇해지면 우유 100ml를 붓고 저으며 끓여주세요.

5. 우유가 1/2 정도 남을 때까지 졸여주세요. 먹기 전에 파슬리가루를 뿌려주세요.

TIP

- 고구마를 바로 버터에 구워도 되지만 속까지 익히려면 오래 걸리기 때문에 버터에 굽기 전에 전자레인지에 돌려 고구마를 살짝 익혀줍니다. 너무 푹 익히면 버터에 구울 때 으스러질 수 있으니 주의해주세요.
- 버터는 무염버터를 사용했는데 식용유로 대체 가능해요.

김전

"

많은 아이들이 김을 참 좋아하죠.
시은이도 김을 좋아하는데 김으로 색다른 요리를
만들어주고자 전으로 부쳐봤어요. 김은 집에 항상
구비되어 있을 테니 반찬 고민이 될 때 한 번씩 만들어보세요.

☐ 구운 김 4g(2장) ☐ 부침가루 3큰술가락 ☐ 물 70ml

1. 재료를 준비해주세요.

2. 구운 김을 물 70ml에 약 15분간 불려주세요.

3. 부침가루 3큰술가락을 섞어주세요.

4. 팬에 기름을 두르고 동그랗게 전을 부쳐주세요.

나물무침 3종(시금치무침, 콩나물무침, 무나물)

"
기본 나물 반찬입니다. 시은이는 유아식 초기에 나물무침을 시작으로 반찬을 한 가지씩 늘려갔어요. 처음부터 나물을 잘 먹진 않았지만 지금은 이 세 종류의 나물을 맛있게 무쳐서 간장, 참기름을 넣어 비빔밥을 만들어줘도 잘 먹는답니다. 개월 수가 적은 아이들은 마늘을 생략해도 좋아요.

시금치무침 3회분

☐ 시금치 100g ☐ 다진 마늘 2g ☐ 아기소금 0.5꼬집 ☐ 아기간장 0.5티스푼 ☐ 참기름 조금 ☐ 통깨

1. 마늘은 다지고 시금치는 뿌리를 제거해주세요.
2. 시금치를 끓는 물에 약 30초간 데쳐 흐르는 물에 헹군 후 손으로 살살 짜내 물기를 제거해주세요.
3. 아기소금 0.5꼬집, 아기간장 0.5티스푼, 다진 마늘, 참기름, 통깨를 넣어 조물조물 무쳐주세요.

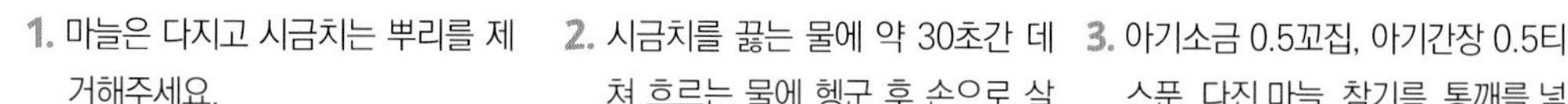

콩나물무침 3회분

☐ 콩나물 80g ☐ 다진 마늘 2g ☐ 아기소금 0.5꼬집 ☐ 아기간장 0.5티스푼 ☐ 참기름 조금 ☐ 통깨

1. 콩나물은 머리와 꼬리를 정리하고 마늘은 다져주세요.
2. 콩나물을 4분간 삶아 흐르는 물에 헹군 후 물기를 제거해주세요.
3. 아기소금 0.5꼬집, 아기간장 0.5티스푼, 다진 마늘, 참기름, 통깨를 넣어 조물조물 무쳐주세요.

무나물 3회분

☐ 무 90g ☐ 물 100ml ☐ 다진 마늘 2g ☐ 아기소금 0.5꼬집 ☐ 아기간장 0.5티스푼 ☐ 참기름 조금 ☐ 통깨

1. 무를 채썰고 마늘은 다져주세요.
2. 기름을 둘러 다진 마늘을 약 30초간 볶다가 무를 넣어 약 3분간 볶아주세요. 그다음 물 100ml를 부어 무가 익을 때까지 끓여주세요.
3. 무가 익으면 불을 끄고 아기소금 0.5꼬집, 아기간장 0.5티스푼, 참기름, 통깨를 넣어 가볍게 버무려 주세요.

느타리버섯우유들깨조림

"아이에게 버섯을 먹이기에 좋은 메뉴입니다. 그냥 우유에 졸여도 맛있지만
색다르게 들깻가루도 넣어봤는데 고소하고 맛있었어요.
들깻가루를 좋아하지 않아도 우유들깨조림은 잘 먹을 수 있으니 한번 시도해보세요.

재료 1회분

☐ 느타리버섯 20g ☐ 양파 20g ☐ 당근 10g ☐ 우유 100ml ☐ 들깻가루 2티스푼

1. 양파와 당근은 채썰고 느타리버섯은 밑동을 제거하고 가닥은 분리해주세요. 너무 큰 버섯은 먹기 좋게 썰어주세요.

2. 팬에 기름을 둘러 약 1분간 양파와 당근을 볶아주세요.

3. 양파가 투명해지면 느타리버섯을 넣어 약 1분간 볶다가 우유 100ml를 부어 약 1분간 끓여주세요.

4. 우유가 끓어오르면 들깻가루 2티스푼을 넣어 약 3분간 저으며 졸여주세요.

TIP

들깻가루가 뭉치지 않게 잘 저으며 졸여주세요.

닭고기감자조림

"부드러운 닭다리살과 감자를 졸여 만든 반찬이에요.
바쁠 때는 밥에 닭고기감자조림을 얹어 덮밥으로 만들어줬어요.
밥과 함께 주면 간단하면서도 영양 만점인
닭고기감자조림덮밥이 완성됩니다.

재료 2회분

☐ 닭다리살 60g(10조각) ☐ 감자 30g ☐ 당근 20g ☐ 양파 20g ☐ 우유(닭 재우기용) ☐ 통깨

양념 ■ 물 200ml ■ 아기간장 2티스푼 ■ 올리고당 1티스푼 ■ 맛술 1티스푼

1. 감자, 양파, 당근은 깍둑썰어주세요. 닭다리살은 먹기 좋게 썰어 우유에 20분간 재운 후 물에 헹구고 체에 밭쳐 물기를 빼주세요.

2. 팬에 기름을 둘러 닭고기를 약 1분간 볶아주세요.

3. 야채를 넣어 약 1분간 볶아주세요.

4. 야채가 반 정도 익으면 분량의 양념을 넣어 푹 졸여주세요.

5. 양념이 1/3 정도 남을 때까지 졸여주세요. 가스 불을 끄고 통깨를 뿌려주세요.

TIP

감자와 당근은 푹 익혀야 맛있어요. 포크로 찍어서 익힘 정도를 알 수 있어요.

닭고기된장볶음

“닭고기를 여러 가지 소스로 볶아주다가 새롭게 된장으로 볶아봤어요.
닭고기는 된장과도 잘 어울리는 식재료입니다. 된장의 구수함과
올리고당의 단맛이 조화를 이루어 아이들이 좋아하는
닭볶음 반찬이 완성돼요.

재료 1회분

☐ 닭다리살 40g ☐ 양파 20g ☐ 대파 1g ☐ 우유(닭 재우기용) ☐ 통깨

양념 ■ 물 50ml ■ 아기된장 0.5티스푼 ■ 올리고당 0.5티스푼 ■ 다진 마늘 2g

1. 닭다리살은 먹기 좋게 썰어 우유에 약 20분간 재운 후 물에 헹구고 체에 밭쳐 물기를 빼주세요.

2. 팬에 기름을 둘러 닭고기를 약 1분간 볶다가 양파를 넣어 약 1분간 더 볶아주세요.

3. 분량의 양념과 대파를 넣어 양념이 재료에 모두 배도록 약 3분간 볶아주세요.

4. 노릇하게 볶아지면 가스 불을 끄고 통깨를 뿌려주세요.

TIP

닭다리살 외에 닭가슴살이나 닭안심살 모두 괜찮아요. 껍질이나 힘줄 제거는 선택 사항입니다.

닭고기들깨조림

"닭고기는 조림이 가장 잘 어울리는 식재료예요. 닭다리살을 볶아 들깻가루를 넣어 졸이면 부드럽고 고소해요. 닭고기와 들깻가루를 물과 간장 대신 우유와 함께 졸여도 정말 맛있답니다.

재료 1회분

☐ 닭다리살 40g ☐ 당근 10g ☐ 애호박 10g ☐ 양파 10g ☐ 들깻가루 1티스푼
☐ 아기간장 0.5티스푼 ☐ 물 100ml ☐ 우유(닭 재우기용)

1. 닭다리살은 먹기 좋게 썰어 우유에 약 20분간 재워주세요. 당근, 애호박, 양파는 깍둑썰어주세요.

2. 우유는 씻어내고 체에 밭쳐 물기를 제거한 후 팬에 기름을 둘러 약 1분간 닭다리살을 볶아주세요.

3. 당근과 양파를 넣어 약 1분간 볶다가 애호박을 넣어 약 1분간 더 볶아주세요.

4. 물 100ml, 들깻가루 1티스푼, 아기간장 0.5티스푼을 넣어 약 5분간 졸여주세요.

TIP

들깻가루가 너무 많이 들어가면 텁텁할 수 있어요. 조금씩 넣어 아이가 좋아할 만한 비율을 찾아주세요. 들깻가루에 거부감이 있다면 들깨의 껍질을 벗겨 만든 들깻가루를 구매해서 사용해보는 것도 좋아요.

닭고기우유조림

“닭고기를 볶은 뒤에 우유로 졸이기만 해도 고급스럽고 맛있는 요리가 완성됩니다. 다양한 야채를 추가해서 우유 베이스의 부드러운 닭고기우유조림을 만들어보세요.

재료 1회분

☐ 닭다리살 40g ☐ 당근 10g ☐ 브로콜리 10g ☐ 양파 10g ☐ 물 50ml ☐ 우유 100ml
☐ 아기소금 1꼬집

1. 닭다리살은 껍질을 제거하고 먹기 좋게 썰어주세요. 당근과 양파는 깍둑썰고 브로콜리는 먹기 좋게 썰어주세요.

2. 팬에 기름을 둘러 약 1분간 닭다리살을 볶아주세요.

3. 당근, 브로콜리, 양파를 넣어 약 2분간 볶아주세요.

4. 물 50ml를 부어 약 1분간 끓여주세요.

5. 우유 100ml와 아기소금 1꼬집을 넣어 간을 맞추고 소스가 1/3이 남을 때까지 약 3분간 졸여주세요.

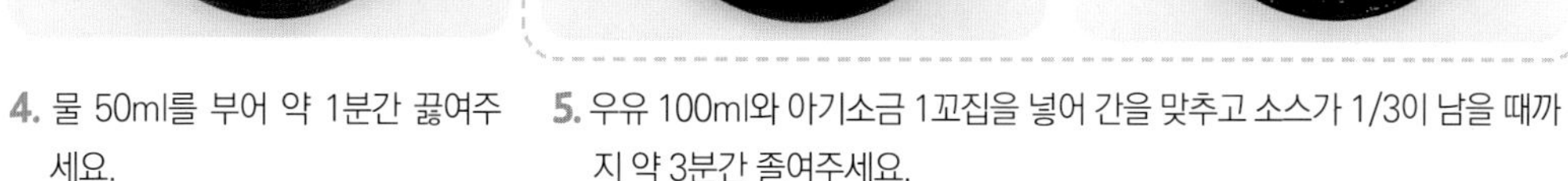

TIP

우유로 졸이는 요리이기 때문에 다른 닭고기 요리처럼 조리 전 우유에 따로 재우는 과정을 생략했습니다.
닭고기 껍질과 힘줄 제거는 선택사항입니다. 닭다리살 대신 닭가슴살이나 닭안심살을 이용해도 좋아요.

닭고기전

"
닭고기를 전으로 부쳐보세요. 닭고기를 좋아하지 않는
아이들도 맛있게 먹을 수 있는 메뉴입니다. 닭고기와 함께 야채도 맛있게
먹일 수 있는 영양 만점 닭고기전이에요.

□ 닭다리살 40g □ 당근 10g □ 애호박 10g □ 양파 10g □ 부침가루 1큰숟가락 □ 물 20ml
□ 우유(닭 재우기용)

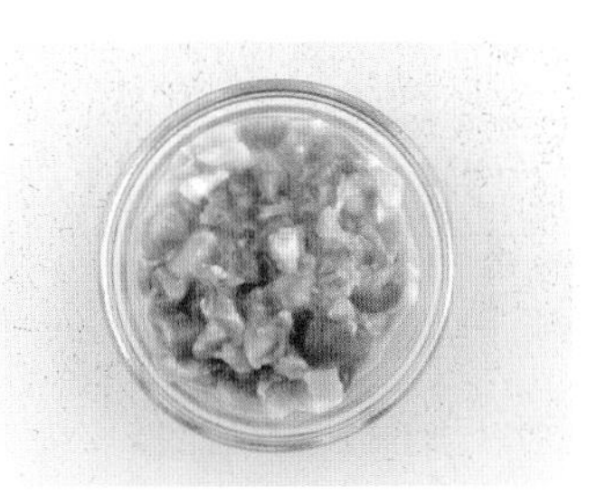

1. 닭다리살은 약 20분간 우유에 재워 주세요. 당근, 애호박, 양파는 잘게 다져주세요.
2. 닭다리살은 우유를 세척하고 물기 제거 후 잘게 다져주세요.

3. 모든 재료를 섞어주세요.
4. 기름을 두르고 동그랗게 만들어 전을 부쳐주세요. 노릇노릇해지면 뒤집어주세요.

TIP

저는 닭다리살을 이용했는데 다른 부위로 만들어도 좋아요. 껍질을 제거하고 잘게 다져주세요.

닭봉조림

"
시은이가 두 돌이 됐을 때 처음으로 닭봉조림을
만들어줬어요. 워낙 고기를 좋아하는 아이인데 어느 순간
정육된 고기에 흥미가 적어졌고, 그때 닭봉조림을 해줬어요.
스스로 고기를 잡고 뜯을 수 있는 재미에
더 즐겁게 식사를 할 수 있게 만든 요리랍니다.

재료 1회분

□ 닭봉(윗날개) 4개 □ 대파 5g □ 다진 마늘 3g □ 우유(닭 재우기용)

양념 ■ 물 100ml ■ 아기간장 3티스푼 ■ 올리고당 1티스푼 ■ 맛술 0.5티스푼

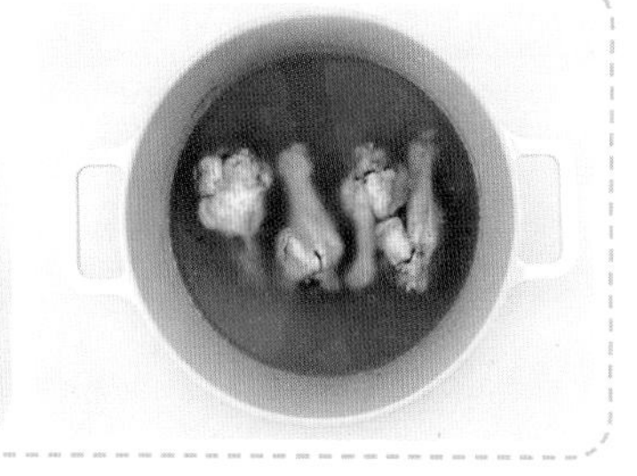

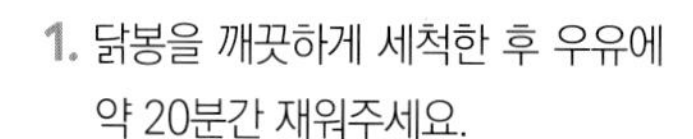

1. 닭봉을 깨끗하게 세척한 후 우유에 약 20분간 재워주세요.

2. 우유를 씻어낸 후 닭봉을 약 10분간 삶아주세요(찔러서 핏물이 나오면 더 삶아주세요).

3. 닭봉을 흐르는 물에 씻은 후 체에 밭쳐 물기를 빼주세요.

4. 팬에 다진 마늘, 대파와 분량의 양념을 넣어 졸여주세요. 기름은 사용하지 않아요.

5. 양념이 끓어오르면 닭봉을 넣고 뒤집어가며 양념이 닭봉에 모두 배도록 졸여주세요.

TIP

- 닭봉을 바로 양념에 졸이지 않고 한 번 삶은 후에 졸여야 속까지 익힐 수 있어요.
- 먹기 전에 가위로 군데군데 잘라 주면 아이가 쉽게 잡고 뜯을 수 있어요.

당근고구마맛탕

"

우리 아이 당근 먹이기 프로젝트!
당근을 싫어하는 아이들을 위해 준비한 메뉴예요.
고구마와 당근 맛탕을 각각 만들어도 좋지만
같이 만들면 알록달록 예쁘고 고구마와 당근이 어우러져
더 맛있는 맛탕이 됩니다.

재료 2회분

☐ 고구마 50g ☐ 당근 50g ☐ 올리고당 2티스푼 ☐ 통깨

1. 고구마, 당근을 깍둑썰어주세요. 고구마는 약 15분간 물에 담가 전분기를 빼주세요.

2. 끓는 물에 약 2분간 당근을 삶다가 고구마를 넣어 3분간 더 삶아주세요(따로 삶을 경우 당근은 5분, 고구마는 3분간 삶아주세요).

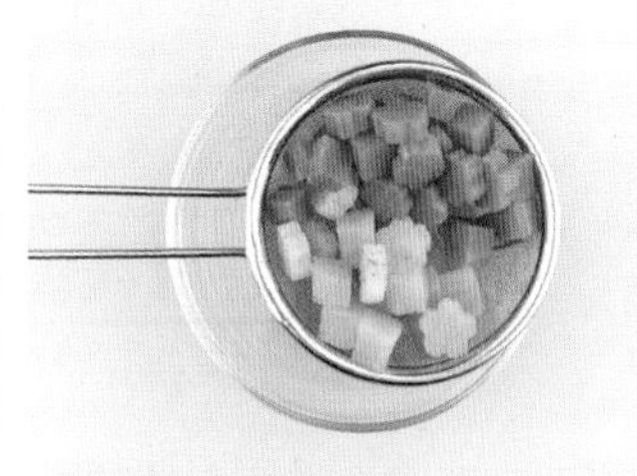

3. 삶은 고구마와 당근은 체에 밭쳐 물기를 빼주세요.

4. 물기를 제거한 고구마와 당근을 기름에 볶아주세요.

5. 고구마와 당근이 완전히 익으면 가스 불을 끄고 잔열 상태에서 올리고당 2티스푼을 넣어 버무리고 통깨를 뿌려주세요.

TIP

고구마와 당근을 바로 기름에 볶아도 되지만 속까지 익히려면 오래 걸리고 그 과정에서 겉이 타기 쉬워요. 그러니 끓는 물에 살짝 삶은 후에 기름에 볶아 조리해주세요. 삶는 과정에서 너무 푹 익히면 기름에 볶을 때 으스러질 수 있으니 살짝만 익혀주세요.

당근그라탱

"
당근을 맛있게 먹일 수 있는 메뉴입니다.
당근만 넣으면 아이가 좋아하지 않을 수도 있으니
감자도 함께 넣어주세요. 아이들이 당근을
맛있게 먹었다는 후기가 많았던 메뉴입니다.

재료 2회분

□ 당근 40g □ 감자 40g □ 우유 50ml □ 아기치즈 1장 □ 파슬리가루(선택)

1. 당근과 감자는 얇게 썰어주세요.

2. 팬에 기름을 둘러 감자와 당근이 익을 때까지 약 1분간 구워주세요.

3. 우유 50ml를 부어 약 2분간 졸여주세요.

4. (오븐용 유리 또는 실리콘) 용기에 감자와 당근, 아기치즈를 교차하여 쌓아주세요.

5. 예열 후 오븐 180도에서 15분간 구워주세요. 완성 후 파슬리가루를 뿌려주세요.

TIP

- 당근과 감자는 최대한 얇게 썰어주세요. 슬라이서를 이용했어요. 당근 또는 감자 한 가지로만 만들어도 좋아요.
- 오븐이 없다면 치즈가 녹을 정도로만 약 1분간 전자레인지에 돌려주세요.

당근버터조림

“우리 아이 당근 먹이기 프로젝트! 당근고구마맛탕에 이어 당근 먹이기에 성공했다는 후기가 많았던 메뉴예요. 당근을 푹 익힌 다음 버터와 올리고당으로 졸여 만들면 아이가 잘 먹을 수밖에 없어요. 당근 먹이기에 도전해보세요!

☐ 당근 80g ☐ 무염버터 10g ☐ 올리고당 2티스푼 ☐ 통깨

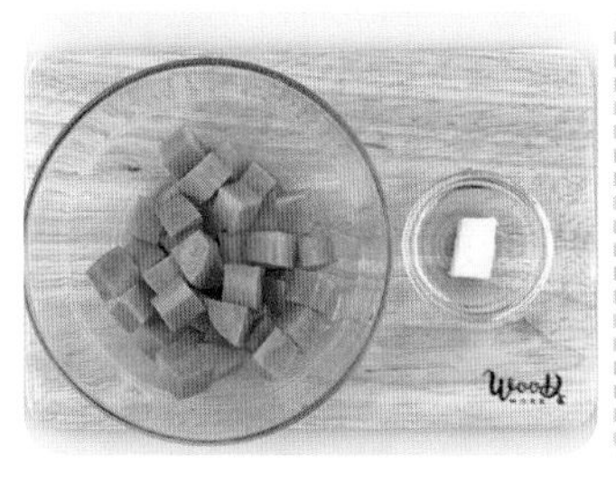

1. 당근은 깍둑썰어주세요.

2. 당근을 물에 약 5분간 끓여 살짝 익힌 후에 체에 밭쳐 물기를 빼주세요.

3. 팬에 무염버터 10g을 녹이고 당근을 넣어 익을 때까지 충분히 구워주세요.

4. 당근이 노릇노릇하게 다 익으면 가스 불을 끄고 잔열 상태에서 올리고당 2티스푼을 넣어 버무려주세요. 통깨를 뿌려주세요.

TIP

바로 버터에 구워도 되지만 물에 한 번 끓여 조리하면 시간도 단축할 수 있고 태우지 않고 당근 속까지 익힐 수 있어요.

당근스크램블에그

"

기본 식재료인 당근과 계란으로 만들 수 있는 간단한 메뉴예요.
계란 요리는 자주 해주게 되는데 당근이 추가되는 것만으로도
색다른 요리가 된답니다. 부드러운 계란 사이에서
당근이 톡톡 씹히는 식감을 시은이가 정말 재밌어했던 요리예요.

재료
2회분

□ 당근 20g □ 계란 1개 □ 우유 2큰숟가락 □ 아기소금 1꼬집 □ 파슬리가루(선택)

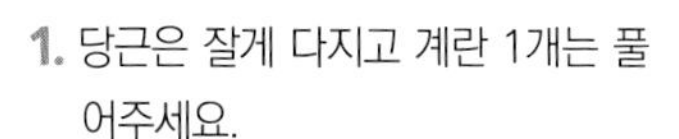

1. 당근은 잘게 다지고 계란 1개는 풀어주세요.

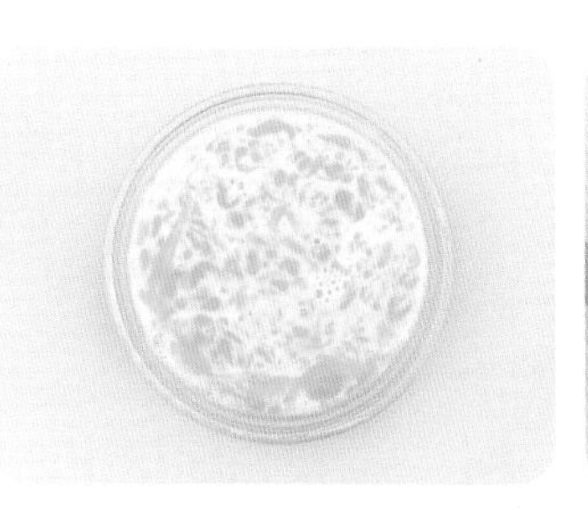

2. 계란 푼 물에 우유 2큰숟가락과 아기소금 1꼬집을 섞어주세요.

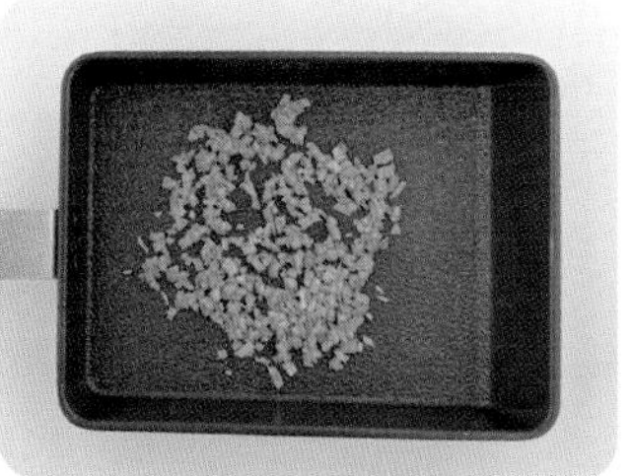

3. 팬에 기름을 둘러 당근이 익을 때까지 약 1분간 볶아주세요.

4. 당근이 익으면 당근을 팬 한쪽에 밀어 두고 약한 불에서 계란을 저으며 익혀주세요.

5. 계란이 반 이상 익으면 가스 불을 끄고 잔열 상태에서 당근과 계란을 섞으며 익혀주세요. 먹기 전에 파슬리가루를 톡톡 뿌려주세요.

TIP

당근은 아주 잘게 다져서 푹 익히고 계란은 반숙 느낌으로 요리해주세요.

당근전 BEST

"부침가루가 들어가도 재료의 맛이 강한 부침개가 있지만
당근전은 당근 특유의 맛이 전혀 나지 않아요.
당근이 이렇게 단맛이 나는 식재료였나를 새삼 깨닫게 했던 메뉴입니다.
당근 싫어하는 우리 아이에게 당근 먹이기!
조금만 다르게 생각하면 어렵지 않아요.

재료 2회분

□ 당근 60g □ 부침가루 3큰술가락 □ 물 20ml

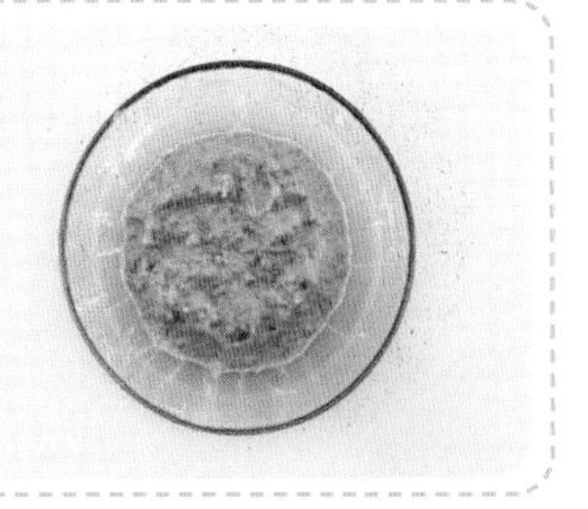

1. 당근을 반은 잘게 다지고 반은 강판에 갈아주세요.

2. 다진 당근, 간 당근을 한 볼에 담고 부침가루와 물을 넣어 섞어주세요.

3. 팬에 기름을 두르고 동그랗게 모양을 내어 구워주세요.

TIP

당근을 두 가지 종류로 썰었는데 모두 다지거나 모두 갈아 만들어도 좋아요. 강판에 갈면 당근에서 물이 많이 나오므로 부침가루를 더 넣거나 물을 더 적게 넣어주세요.

당면김무침

"
유통기한이 길고 보관이 용이해서 집에 항상
구비하고 있는 당면과 김으로 간단하게
만들 수 있는 김잡채입니다. 조리법도 간단한데
아이들한테 인기 만점인 메뉴예요.

□ 당면 20g(물에 불리기 전) □ 구운 김 2g(1장)

양념 ■ 아기간장 1티스푼 ■ 참기름 조금 ■ 통깨

1. 당면은 30분간 물에 불리고 김은 잘게 찢어주세요.

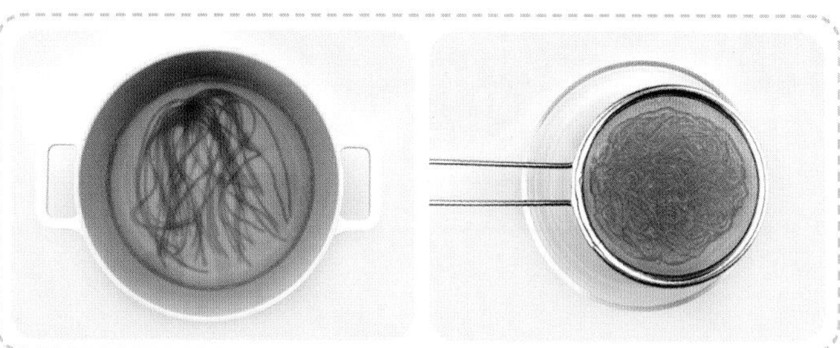

2. 당면을 끓는 물에 약 6분간 삶은 후 체에 받쳐 물기를 빼주세요.

3. 당면에 김을 섞어주세요.

4. 분량의 양념을 섞어 버무려주세요.

TIP

- 당면 삶는 시간은 물에 불리는 시간과 당면의 양에 따라 달라져요. 심이 보이지 않을 때까지 충분히 익혀 주세요.
- 구운 김은 어른 김밥용 크기의 김 1장을 사용했는데 아기용 김 사용 시에는 1~2봉지를 넣으면 됩니다.

돈가스

"돈가스는 아이들이 좋아하는 반찬 베스트 3위 안에 드는 메뉴일 거예요.
시은이도 돈가스를 정말 좋아하는데, 시중에 판매되고 있는 돈가스는 간이 세고
아이가 먹기에는 두껍고 질겨서 직접 만들었어요.
대량으로 만들어 냉동실에 얼려뒀다가 바쁠 때 꺼내서 튀겨주면 최고의 반찬이 된답니다.

재료
10개분

□ 돈가스용 돼지고기 등심 400g □ 다진 마늘 10g □ 계란 3개 □ 부침가루 □ 빵가루
□ 우유(고기 재우기용)

1. 돼지고기 등심은 약 30~40g씩 썰어주세요. 마늘은 다지고 계란 3개는 풀어주세요.

2. 비닐을 깔고 돼지고기를 놓고 그 위에 비닐을 덮은 후에 고기용 망치로 얇게 두들겨주세요.

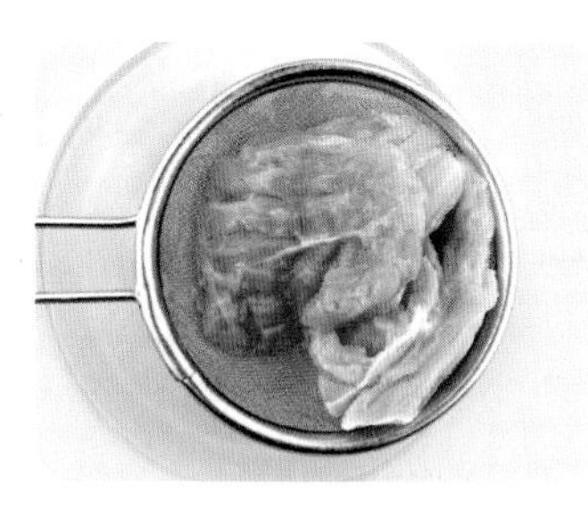

3. 두들긴 돼지고기는 약 20분간 우유에 재운 후 흐르는 물에 가볍게 씻어내고 체에 밭쳐 물기를 빼주세요.

4. 계란물에 다진 마늘을 섞은 후 부침가루-계란물-빵가루 순서로 옷을 입혀주세요.

5. 기름을 넉넉하게 붓고 예열 후 약 4분간 튀겨주세요.

6. 남은 돈가스는 랩으로 싸서 지퍼백에 넣어 냉동 보관을 해주세요.

TIP

고기망치가 없다면 밀대나 유리병으로 밀거나 칼등으로 다져도 무방해요.

돼지고기배추조림

"비교적 가격이 저렴한 돼지고기는 그냥 구워주기보다는 조리를 해주는 편인데 배추와 함께 졸이면 더 맛있어요. 양념을 추가해서 어른도 함께 맛보세요. 돼지고기배추조림 반찬 한 가지만으로도 밥 한 그릇 뚝딱인 메뉴랍니다.

재료 1회분

☐ 돼지고기 앞다리살 30g ☐ 알배추 30g ☐ 당근 5g ☐ 대파 5g ☐ 다진 마늘 1g ☐ 통깨

양념 ■ 물 100ml ■ 아기간장 1티스푼 ■ 올리고당 1티스푼 ■ 맛술 0.5티스푼

1. 돼지고기와 배추는 먹기 좋게 썰고 마늘은 다져주세요. 당근은 채썰고 대파는 송송 썰어주세요.

2. 팬에 소량의 기름을 둘러 돼지고기를 약 1분 30초간 볶아주세요.

3. 알배추와 당근을 넣어 약 1분간 볶아주세요.

4. 분량의 양념과 다진 마늘을 넣어 약 4분간 졸여주세요.

5. 대파를 넣어 약 1분간 졸여주세요.

6. 가스 불을 끄고 통깨를 뿌려주세요.

TIP

돼지고기는 기름기가 적은 앞다리살을 사용하였는데 다른 부위를 사용해도 좋아요. 돼지고기를 씹기 힘든 개월 수라면 얇게 썰어 판매하는 불고기용 돼지고기를 사용해도 좋아요.

반찬
24

두부강정

"
나도 모르게 계속 손이 가는 두부강정입니다.
시은이가 두부를 안 좋아하던 시기에 만들어줬던
요리 중 하나인데, 두부강정을 만들어주니
잘 먹었어요. 두부강정을 한입에 쏙 넣어
오물오물 씹는 아이의 귀여운
모습을 상상하며 만들어보세요.

재료 2회분

□ 두부 60g □ 전분가루 1.5큰숟가락 □ 통깨

양념 ■ 물 10ml ■ 아기간장 1티스푼 ■ 올리고당 1티스푼

1. 두부는 깍둑썰어 키친타월로 물기를 제거해주세요.

2. 봉지에 전분가루 1.5큰숟가락과 두부를 넣고 흔들어 두부에 전분가루를 입혀주세요.

3. 팬에 기름을 넉넉하게 붓고 예열 후 두부가 서로 엉겨붙지 않도록 떨어뜨려 약 2분간 튀겨주세요.

4. 다른 팬에 분량의 양념을 섞어 끓여주세요. 양념이 부르르 끓어오르면 가스 불을 끄고 튀겨놓은 두부를 양념에 섞어 약 30초간 빠르게 버무려주세요.

5. 통깨를 뿌려주세요.

TIP

- 예열 후 튀겨주세요. 예열을 하지 않으면 기름에서 두부와 전분가루가 분리되어 잘 튀겨지지 않아요.
- 전분가루를 입힌 두부의 겉면이 익기 전에는 두부가 서로 붙지 않게 떨어뜨려 튀겨주세요.
- 양념이 탈 수 있으니 양념이 끓어오르면 가스 불을 끄고 빠르게 볶아주세요.

두부김무침

"
인스타그램에서 후기가 좋았던 메뉴입니다.
두부를 싫어하는 아이들도 잘 먹었다는 후기가 많았어요.
조리법이 간단한데 비해 아이들이 잘 먹어서
엄마들도 좋아하는 메뉴예요.

재료 1회분

□ 두부 50g □ 구운 김 1g(1/2장) □ 아기간장 0.5티스푼 □ 참기름 조금 □ 통깨

1. 구운 김을 잘게 찢어주세요.

2. 두부는 약 1분간 데친 후 물기를 빼주세요.

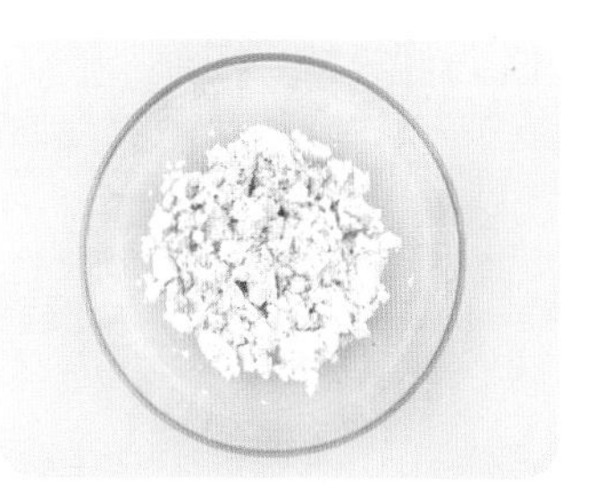

3. 두부를 으깨주세요.

4. 김가루를 섞어주세요.

5. 아기간장 0.5티스푼을 넣어 간을 맞추고 참기름과 통깨를 넣어 버무려주세요.

TIP

김은 김밥용 김의 1/2장을 넣어 만들었어요. 봉지에 든 아기용 김을 사용한다면 1봉을 다 넣어 만들어주세요.

두부동그랑땡

“단백질이 풍부하고 콩 제품 가운데 가장 대중적인 가공품인 두부.
두부를 먹이고 싶은데 시은이가 두부를 안 좋아하던 시기가 있었어요.
그때 두부를 먹이고 싶어서 두부동그랑땡을 만들어봤어요.
두부를 안 좋아하던 시기에도 두부동그랑땡은 잘 먹어서
자주 만들어줬던 메뉴입니다.

재료 2회분

☐ 두부 100g ☐ 당근 10g ☐ 애호박 10g ☐ 양파 10g ☐ 대파 5g
☐ 부침가루 2큰술가락 ☐ 계란 1개

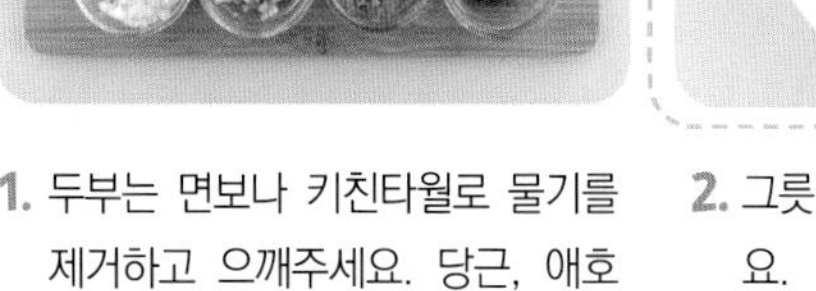

1. 두부는 면보나 키친타월로 물기를 제거하고 으깨주세요. 당근, 애호박, 양파, 대파는 잘게 다져주세요.

2. 그릇에 두부, 다진 야채, 부침가루 2큰술가락과 계란을 모두 담아 섞어주세요.

3. 팬에 기름을 두르고 반죽을 동그란 모양으로 내어 부쳐주세요.

TIP

- 부침가루가 들어가 따로 간을 하지 않았어요.
- 반죽을 팬에 올리고 숟가락 두 개로 옆면을 만지며 동그란 모양을 만들어주세요.

두부찜

"계란찜과는 또다른 매력의 두부찜입니다.
두부의 고소한 맛이 일품인 요리예요. 두부를 으깨고
다시마 우린 물과 계란을 섞어 쪄내면
부드러운 두부찜이 완성됩니다. 밥과 함께 비벼서 줘도 좋아요.

□ 두부 100g □ 계란 1개 □ 애호박 5g □ 양파 5g □ 당근 5g □ 다시마 물 50ml
□ 맛술 1티스푼 □ 아기소금 1꼬집

1. 당근, 애호박, 양파는 잘게 다지고 두부는 면보를 이용해 물기를 완전히 제거한 후 잘게 으깨주세요. 계란 1개는 풀고 다시마는 약 10분간 물에 담가 우려주세요.

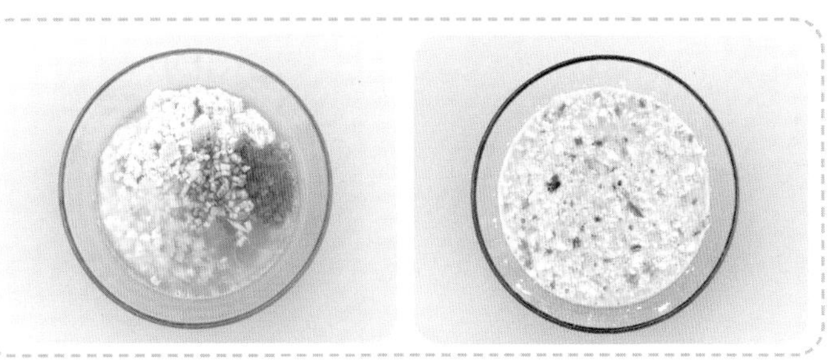

2. 볼에 으깬 두부, 다진 야채, 계란, 다시마 우린 물, 아기소금 1꼬집, 맛술 1티스푼을 넣어 잘 섞어주세요.

3. 섞은 재료를 실리콘틀이나 유리 용기에 부어주세요.

4. 찜기에 올려 약 15분간 쪄주세요.

TIP

- 두부와 야채는 아주 잘게 다져주세요. 차퍼를 이용하면 좋아요.
- 일반 두부 대신 연두부를 이용하면 더 부드러운 두부찜을 맛볼 수 있어요.

두부치즈버무리

"두부와 치즈를 섞어 만든 요리입니다.
으깬 두부에 치즈를 녹여 만들었기 때문에
이가 많이 안 난 아이들도 잘 먹을 수 있어요.
간식으로도 추천해요.

재료 1회분

□ 두부 50g □ 아기치즈 1장 □ 아기소금 1꼬집 □ 참기름 조금 □ 통깨

1. 두부는 물에 1분간 데친 후 체에 밭쳐 물기를 빼주세요.

2. 두부를 으깨주세요.

3. 아기치즈 1장을 올리고 전자레인지에 약 20초간 돌려 치즈를 녹여주세요.

4. 치즈와 두부를 섞어주세요.

5. 아기소금 1꼬집, 참기름, 통깨를 넣어 버무려주세요.

TIP

참기름은 3방울 정도로 소량만 넣어주세요. 참기름을 많이 넣으면 치즈 맛보다 참기름 맛이 많이 나기 때문에 적게 넣는 게 좋아요.

반찬 29

두부카레부침

"카레가루를 이용해 두부부침을 만들어보세요.
은은한 카레향을 담은 두부부침은 아이들에게 인기만점입니다.
카레를 그다지 좋아하지 않는 시은이도 두부카레부침은 잘 먹었답니다.

재료 1회분

□ 두부 50g(4조각) □ 카레가루 2티스푼 □ 부침가루 2티스푼

1. 두부는 먹기 좋게 잘라 물기를 제거해주세요.

2. 카레가루와 부침가루를 1:1 비율로 섞어주세요.

3. 두부에 가루를 입혀주세요.

4. 팬에 기름을 둘러 노릇노릇하게 구워주세요.

반찬

30

떡갈비

"

시은이 식단에 제일 많이 등장하고 유아식 초기부터
먹기 시작해서 지금까지도 잘 먹고 있는 메뉴예요.
만들기도 쉽고 맛도 좋아서 유아식 기본 반찬으로
추천하는 메뉴 중 하나입니다.

재료 12개분

□ 소고기 다짐육(앞다리살) 200g □ 돼지고기 다짐육(뒷다리살) 200g □ 애호박 20g □ 양파 30g
□ 당근 20g □ 대파 10g □ 전분가루 1큰숟가락 □ 다진 마늘 5g

양념 ■ 아기간장 1큰숟가락 ■ 설탕 1큰숟가락 ■ 참기름 0.5큰숟가락 ■ 통깨

1. 야채는 적당한 크기로 썰고 마늘은 다져주세요. 소고기 다짐육과 돼지고기 다짐육은 키친타월로 핏물을 제거해주세요.

2. 야채를 약 2분간 데친 후 체에 밭쳐 물기를 빼주세요.

3. 차퍼로 야채를 잘게 다져주세요.

4. 모든 재료와 분량의 양념을 볼에 넣고 장갑을 끼고 조물조물 잘 섞어주세요.

5. 떡갈비 반죽을 약 40g씩 소분하여 손으로 치대주세요. 동그랗게 만든 후 납작하게 눌러주세요.

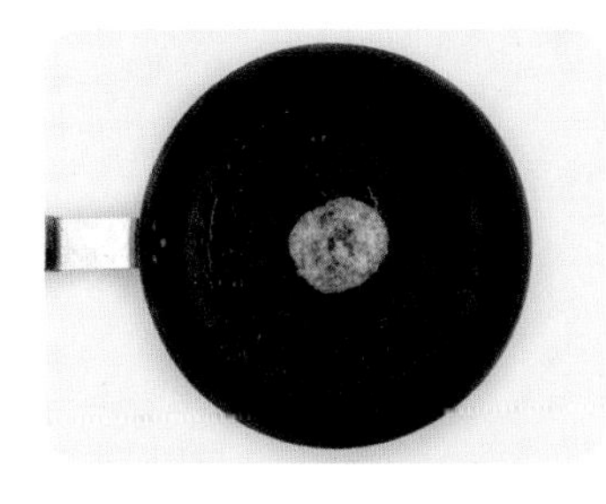

6. 팬에 기름을 둘러 약 4분간 구워주세요.

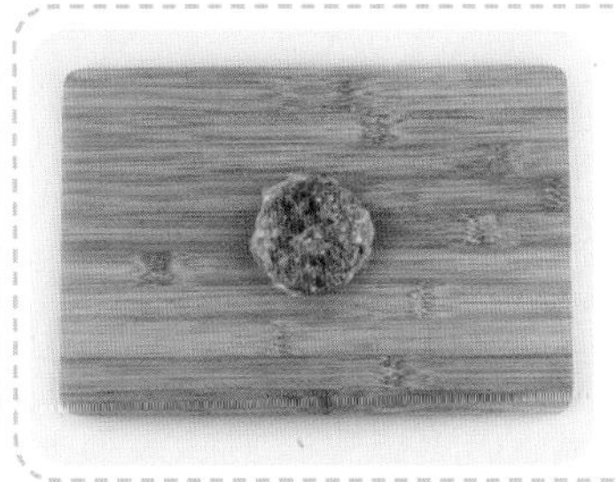

7. 남은 반죽은 랩을 하나씩 씌운 후 지퍼 백에 넣어 냉동해주세요. 먹을 때마다 해동하여 구워주세요.

TIP

- 소고기, 돼지고기의 비율은 1:1로 했는데 조금 다르게 비율을 조절해도 괜찮아요.
- 무염식을 하는 아이들은 간장을 생략해도 좋아요.
- 냉동 보관 후에는 한 달 안에 소진하는 걸 추천드려요.

반찬 31

메추리알카레조림

"
메추리알장조림만 해주다가 색다르게 만들어주고 싶어서 카레가루를 넣어봤어요. 일반 카레소스보다 묽게 만들어 졸이기 때문에 카레 향이 은은하게 나는 메추리알조림이 돼요. 감자와 당근도 함께 넣으면 감자, 당근카레조림도 맛볼 수 있어요.

재료 4회분

□ 물 600ml □ 메추리알 20개 □ 당근 60g □ 감자 60g □ 카레가루 3티스푼

1. 감자와 당근은 작게 깍둑썰고 메추리알은 약 8분간 삶아 껍질을 제거해주세요.

2. 물 600ml에 당근과 감자를 넣고 약 10분간 삶아주세요.

3. 카레가루 3티스푼을 풀고 메추리알을 넣어주세요.

4. 양념이 1/3 정도 남을 때까지 졸여주세요.

TIP

- 카레가루를 더 넣어 만들어서 밥에 비벼줘도 좋아요.
- 269p의 메추리알장조림도 만들어보세요.

베이컨배추볶음

“
시은이가 좋아하는 베스트 반찬 중 하나입니다.
짭조름한 베이컨과 볶으면 달달해지는 배추가
굴소스와 만나면 얼마나 고급스러워질 수 있는지
감탄하게 된 메뉴예요. 배추를 좋아하지 않는 아이들도
베이컨과 굴소스 조합의 이 음식을
맛보면 배추를 좋아하게 될 거예요.

재료 2회분

□ 베이컨 40g(2줄) □ 알배추 60g(4장) □ 대파 4g

양념 ■ 물 20ml ■ 굴소스 1.5티스푼 ■ 올리고당 1티스푼 ■ 통깨

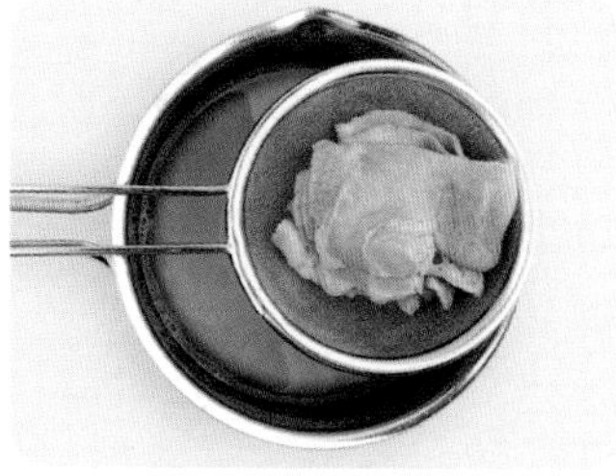

1. 알배추는 먹기 좋게 썰고 대파는 송송 썰어주세요. 베이컨은 끓는 물에 10초간 데쳐 물기를 제거한 후 먹기 좋게 썰어주세요.

2. 팬에 기름을 두르고 약 1분간 대파를 볶아 파기름을 내주세요.

3. 베이컨과 알배추를 넣어 약 1분간 볶아주세요.

4. 배추의 숨이 죽으면 분량의 양념을 넣어 약 2분간 더 볶아주세요.

TIP

- 굴소스가 들어가기 때문에 염분이 많은 베이컨은 한 번 데쳐서 요리하는 게 좋아요. 베이컨은 10초 정도만 끓는 물에 데쳐주세요. 너무 오래 데치면 육즙이 다 빠지고 질겨지니 주의해주세요.
- 굴소스는 시은이 두 돌 즈음부터 먹이기 시작했어요. 유아식 초기 단계인 아이들은 굴소스를 간장으로 대체해도 좋아요.

베이컨치즈전

"계란에 베이컨과 치즈를 넣어 만들어보세요.
간단하면서도 맛있는 반찬이 됩니다. 베이컨을 넣기 때문에
따로 간을 하지 않아도 맛있어요.

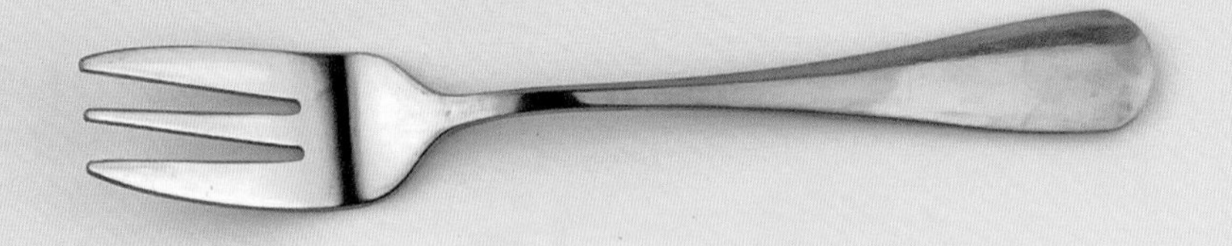

재료 2회분

□ 베이컨 40g(2줄) □ 계란 1개 □ 아기치즈 1장 □ 파슬리가루(선택)

1. 베이컨은 끓는 물에 10초간 데쳐 물기를 제거한 후 잘게 잘라주세요. 계란 1개는 풀어주세요.

2. 팬에 기름을 두르지 않고 베이컨을 약 1분간 볶아주세요.

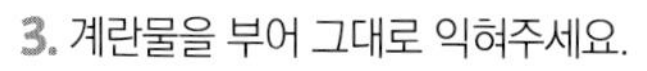

3. 계란물을 부어 그대로 익혀주세요.

4. 어느 정도 익었으면 계란을 뒤집은 후에 아기치즈를 올려 녹여주세요. 먹기 전에 파슬리가루를 뿌려주세요.

TIP

베이컨을 볶을 때는 따로 기름을 두르지 않아요. 베이컨에서 나오는 기름으로 조리합니다.

"유아식 기본 반찬인 소불고기로 만든 전입니다.
소불고기볶음을 자주 해주니 시은이가 질려했는데,
소불고기로 전을 만들어주니 정말 잘 먹었던 경험이 있어요.
소불고기, 떡갈비와는 다른 식감과 맛을 자랑해요.

재료 1회분

☐ 불고기용 소고기 40g ☐ 당근 10g ☐ 양파 10g ☐ 대파 5g ☐ 부침가루 1큰숟가락

양념 ■ 물 20ml ■ 아기간장 1티스푼 ■ 설탕 0.5티스푼 ■ 맛술 0.5티스푼 ■ 다진 마늘 1g

1. 소고기는 키친타월로 핏물을 제거한 후 먹기 좋게 썰어주세요. 양파와 당근은 채썰고 대파와 마늘은 다져주세요.

2. 소고기에 야채와 분량의 양념을 섞어 20분간 재워주세요.

3. 부침가루를 섞어주세요.

4. 팬에 기름을 두르고 동그랗게 만들어 전을 부쳐주세요. 노릇노릇하게 익으면 뒤집어주세요.

TIP

- 양념이 들어가 탈 수 있으니 얇게 부쳐주세요.
- 2번 과정까지 마친 뒤에 부침가루를 넣지 않고 바로 볶아주면 일반적인 소불고기볶음이예요.

반찬
35

브로콜리우유조림

"브로콜리를 싫어하는 아이에게 추천하는 메뉴입니다. 시은이도 브로콜리를 싫어하던 시기가 있었는데 우유로 졸여주니 잘 먹었어요. 브로콜리우유조림을 시작으로 시은이는 더 다양한 브로콜리 요리들을 잘 먹게 됐답니다.

재료 1회분

□ 브로콜리 30g □ 양파 30g □ 물 50ml □ 우유 100ml

1. 브로콜리는 줄기를 제거하고 양파는 먹기 좋게 썰어주세요.

2. 팬에 기름을 두르고 양파와 브로콜리를 약 2분간 볶아주세요.

3. 물 50ml를 붓고 약 1분간 끓여주세요.

4. 물이 졸아들면 우유 100ml를 붓고 우유가 1/3 남을 때까지 약 3분간 졸여주세요.

TIP

- 브로콜리 줄기에 영양가가 풍부하긴 하지만 아이가 먹기에는 부담스러울 수 있으니 줄기 부분은 최대한 제거하거나 잘게 다져서 넣는 것이 좋아요.
- 간이 부족하다면 소금을 추가해주세요.

새우너깃

"유아식 초기에는 새우를 정말 잘 먹었던 시은이가
어느 순간부터 새우를 거부하는 모습을 보였어요.
그래서 만들게 된 메뉴입니다. 이렇게 한 번씩
새우너깃을 만들어주면 새우를 싫어했던 아이가
맞나 싶을 정도로 새우를 잘 먹곤 했답니다.
평소에 잘 먹던 식재료를 갑자기 거부한다면
이런 식으로 다른 요리로 변형해서 만들어주세요!

☐ 새우 80g(8마리) ☐ 당근 10g ☐ 양파 10g ☐ 애호박 10g ☐ 전분가루 1큰술가락
☐ 빵가루 1큰술가락

튀김옷 ■ 밀가루 ■ 빵가루 ■ 계란 1개

1. 새우는 6마리는 잘게 다지고 2마리는 먹기 좋게 썰어주세요. 양파, 당근, 애호박은 잘게 다지고 계란 1개는 풀어주세요.

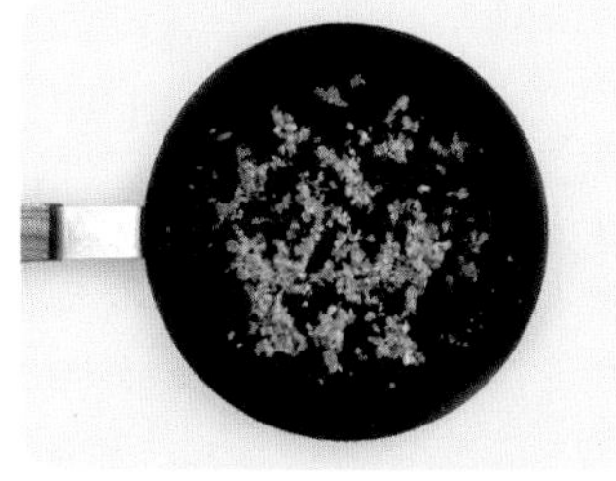

2. 팬에 기름을 둘러 다진 야채를 약 1분간 볶아주세요.

3. 볼에 새우, 볶은 야채, 전분가루와 빵가루 1큰술가락씩을 넣고 섞어주세요.

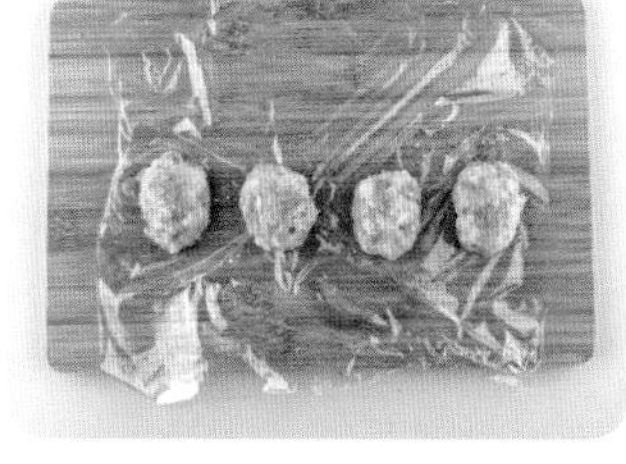

4. 약 20g씩 소분해 모양을 낸 후 지퍼백에 담아 냉동실에 1시간 넣었다가 빼주세요.

5. 모양이 잡히면 밀가루-계란물-빵가루 순서로 튀김옷을 입혀주세요.

6. 팬에 기름을 넉넉하게 붓고 예열 후 노릇노릇하게 구워주세요.

TIP

- 새우는 일부만 제외하고 잘게 다져서 만들어주세요. 아이가 어리다면 전부 다져도 좋아요.
- 야채는 자유롭게 넣어도 좋아요.

새우무조림

“인스타그램에서 후기가 좋았던 메뉴예요. 새우와 무를 같이 넣고 졸여보세요. 새우와 졸이면 감칠맛이 더해져 무만 졸였을 때보다 더욱 깊은 맛의 무조림을 맛볼 수 있어요.

재료 2회분

□ 멸치다시마 육수 300ml □ 새우 60g(6마리) □ 무 50g □ 다진 마늘 2g □ 대파 3g □ 통깨

양념 ■ 아기간장 1.5티스푼 ■ 올리고당 1티스푼 ■ 참기름 조금

1. 무는 먹기 좋게 썰고 대파는 어슷썰고 마늘은 다져주세요.

2. 멸치다시마 육수를 약 5분간 끓여주세요.

3. 멸치, 다시마는 건져내고 무를 넣어 무가 투명해질 때까지 약 5분간 끓여주세요.

4. 무가 투명해지면 새우를 넣어 약 3분간 끓여주세요.

5. 분량의 양념과 대파, 다진 마늘을 넣어 졸여주세요. 양념이 1/5 정도 남으면 가스 불을 끄고 통깨를 뿌려주세요.

TIP

무를 너무 두껍게 썰면 익히는 데 오래 걸려요. 무를 푹 익힌 다음에 새우를 넣고 조리해주세요.

소고기두부조림

“
두부와 소고기를 함께 넣어 졸여 만든
영양 만점 음식이에요. 두부를 으깨서 소고기와 함께
비벼주면 정말 간단한 소고기두부조림덮밥이
되기도 합니다.

재료 2회분

□ 소고기 다짐육 20g □ 두부 90g(5조각) □ 양파 20g □ 당근 10g □ 대파 5g

양념 ■ 물 100ml ■ 아기간장 2티스푼 ■ 올리고당 1티스푼 ■ 참기름 조금 ■ 통깨

1. 두부는 잘라서 물기를 제거하고 소고기는 핏물을 제거해주세요. 당근, 양파, 대파는 잘게 다져주세요.

2. 팬에 기름을 둘러 두부를 약 3분간 구워주세요.

3. 두부를 그릇에 빼두세요. 같은 팬에 기름을 두르고 소고기 다짐육, 당근, 양파를 넣어 약 1분간 볶아주세요.

4. 재료가 익으면 분량의 양념을 넣어 약 1분간 끓여주세요.

5. 건져낸 두부와 대파를 넣어 양념이 1/3 정도 남을 때까지 졸여주세요.

TIP

두부를 굽다가 건져낸 다음 키친타월로 팬을 닦은 후 같은 팬에 야채를 볶아 만들어주세요. 팬 하나로 간단히 만들 수 있어요.

소고기무조림

"

소고기뭇국을 좋아하는 아이라면 누구나 좋아할 메뉴예요. 소고기뭇국보다 더 깊은 맛을 자랑하는, 소고기와 무의 조합이에요. 시은이는 고기를 좋아하지만 소고기무조림을 만들어 주면 소고기보다도 무를 먼저 집어먹었답니다.

재료 2회분

□ 소고기 다짐육 60g □ 무 30g □ 대파 3g □ 다진 마늘 2g □ 통깨

양념 ■ 물 120ml ■ 아기간장 1.5티스푼 ■ 설탕 1티스푼 ■ 맛술 0.5티스푼

1. 소고기 다짐육은 키친타월로 핏물을 빼고 무는 깍둑썰어주세요. 대파는 송송 썰고 마늘은 다져주세요.

2. 팬에 기름을 두르고 핏기가 사라질 때까지 약 1분간 소고기를 볶아주세요.

3. 무를 넣어 무가 투명해질 때까지 약 3분간 같이 볶아주세요.

4. 무가 살짝 투명해지면 분량의 양념과 다진 마늘을 넣어 끓여주세요.

5. 대파를 넣어 무가 완전히 익을 때까지 졸여주세요. 가스 불을 끄고 통깨를 뿌려주세요.

TIP

무는 익히려면 오래 걸리기 때문에 작게 깍둑썰어주세요.

소고기배추들깨볶음

"소고기와 배추에 들깻가루를 넣어 볶아서 영양 만점 반찬을 만들었어요. 들깻가루의 고소함이 소고기, 배추와 정말 잘 어울린답니다.

재료 2회분

□ 불고기용 소고기 60g □ 알배추 40g □ 당근 10g □ 대파 3g □ 통깨

양념 ■ 들깻가루 1티스푼 ■ 아기간장 0.5티스푼

1. 소고기는 키친타월로 핏물을 제거하고 먹기 좋게 썰어주세요. 알배추는 먹기 좋게 썰고 당근은 채썰고 대파는 송송 썰어주세요.

2. 팬에 기름을 두르고 소고기를 약 1분간 볶아주세요.

3. 알배추와 당근을 넣어 약 2분간 같이 볶아주세요.

4. 배추의 숨이 죽으면 대파와 아기간장 0.5티스푼, 들깻가루 1티스푼을 넣어 약 1분간 볶아주세요. 가스 불을 끄고 통깨를 뿌려주세요.

TIP

불고기용 소고기로 만들었는데 고기를 잘 못 씹는 아이는 다짐육으로 만들어도 좋아요.

소고기애호박볶음

“소고기와 애호박을 함께 볶은 영양 만점 반찬입니다.
부드러운 애호박과 소고기 다짐육을 볶아 만들기 때문에
밥에 비벼줘도 아이들이 잘 먹는 메뉴예요.

재료 2회분

☐ 소고기 다짐육 50g ☐ 애호박 50g ☐ 통깨

양념 ■ 아기간장 1티스푼 ■ 설탕 0.5티스푼

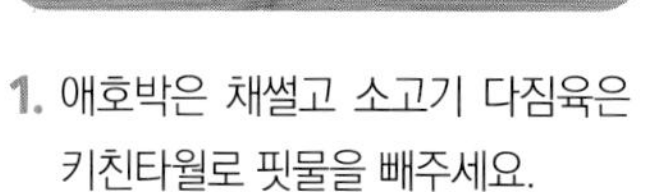

1. 애호박은 채썰고 소고기 다짐육은 키친타월로 핏물을 빼주세요.

2. 팬에 기름을 둘러 소고기를 핏기가 사라질 때까지 약 1분간 볶아주세요.

3. 애호박을 넣어 약 2분간 볶아주세요.

4. 애호박이 익으면 분량의 양념을 넣어 약 1분간 볶다가 가스 불을 끄고 통깨를 뿌려주세요.

TIP

- 소고기 다짐육으로는 보통 지방과 기름기가 적은 앞다리살을 이용해요. 앞다리살 외에 다른 부위를 사용해도 무방합니다.
- 애호박 대신 가지를 사용해서 소고기가지볶음도 만들어보세요. 271p를 참고하세요.

소고기오이볶음

“
소고기와 오이의 조합, 잘 어울릴까 싶지만 김밥에 들어간
오이와 소고기를 생각해 보면 답이 나옵니다.
의외의 조합이지만 익숙한 맛이 나서 더 맛있게 먹을 수 있어요.
오이를 절여 볶으면 꼬들꼬들한 식감이 나서 생오이와는
다른 느낌이에요. 밥과 함께 김에 싸 먹으면 초간단 김밥이
완성된답니다.

재료 2회분

☐ 소고기 다짐육 30g ☐ 오이 70g ☐ 굵은 소금 0.5티스푼(절임용) ☐ 통깨

양념 ■ 아기간장 0.5티스푼 ■ 설탕 0.5티스푼 ■ 참기름 조금

1. 오이는 얇게 썰어 굵은 소금 0.5티스푼에 20분간 절여주세요. 소고기 다짐육은 키친타월로 눌러 핏물을 빼주세요.

2. 팬에 기름을 둘러 핏기가 사라질 때까지 소고기를 볶아주세요.

3. 소금에 절인 오이는 물에 헹군 후에 물기를 짜주세요.

4. 오이의 수분이 날아갈 정도로만 약 1분간 소고기와 함께 볶다가 분량의 양념을 넣어 30초간 더 볶아주세요. 가스 불을 끄고 통깨를 뿌려주세요.

TIP

소금에 오이를 절인 후에는 흐르는 물에 헹궈 짠맛을 빼주세요.

소고기콩나물볶음

“콩나물을 특히나 좋아하는 시은이에게
새로운 콩나물볶음을 맛보게 하려고 만든 요리예요.
콩나물과 소고기의 조합이 좋은 영양 만점 메뉴예요.
여기에 밥을 추가하고 굴소스를 넣어 볶아주면
맛있는 볶음밥도 만들 수 있어요.

재료 2회분

☐ 소고기 다짐육 20g ☐ 콩나물 40g ☐ 대파 3g ☐ 다진 마늘 2g ☐ 아기간장 1티스푼
☐ 참기름 조금 ☐ 통깨

1. 대파는 송송 썰고, 마늘은 다지고, 소고기 다짐육은 키친타월로 핏물을 빼주세요.

2. 팬에 기름을 두르고 약 1분간 다진 마늘과 대파를 볶아주세요.

3. 소고기 다짐육을 약 1분간 볶다가 콩나물을 넣어 약 1분간 볶아주세요.

4. 콩나물의 숨이 죽으면 아기간장 1티스푼을 넣어 약 2분간 볶아주세요. 가스 불을 끄고 참기름, 통깨를 뿌려주세요.

TIP

콩나물을 오래 볶아 익혀주세요. 콩나물 식감을 싫어하는 아이들에게는 콩나물을 따로 데친 후 볶아 줘도 좋아요.

시금치전

“
시금치를 싫어하는 아이도 시금치를 맛있게 먹을 수 있는 메뉴예요. 쉽고 맛있게 시금치를 먹일 수 있었다는 후기가 많았어요. 시금치를 갈아서 만들기 때문에 부담 없이 시금치를 먹일 수 있을 거예요.

□ 시금치 50g □ 물 40ml □ 부침가루 3큰술가락

1. 시금치는 적당한 크기로 썰어주세요.

2. 시금치와 물을 섞어 핸드블렌더나 믹서기로 갈아주세요.

3. 부침가루 3큰술가락을 섞어주세요.

4. 팬에 기름을 두르고 동그랗게 모양을 내어 전을 부쳐주세요.

TIP

핸드블렌더나 믹서기가 없다면 칼로 잘게 다져서 만들어주세요.

애호박그라탱

BEST

"애호박의 새로운 변신! 무슨 재료든지 그라탱으로 만들면 아이들이 잘 먹을 수밖에 없어요. 이 메뉴로 애호박을 맛있게 먹였다는 후기가 많았습니다. 시은이도 정말 맛있게 먹었던 메뉴예요.

재료 1회분

☐ 애호박 50g(8조각) ☐ 아기치즈 1장 ☐ 케첩 0.5티스푼 ☐ 파슬리가루(선택)

1. 애호박을 얇게 썰어주세요.

2. 팬에 기름을 적게 두르고 애호박을 구워주세요.

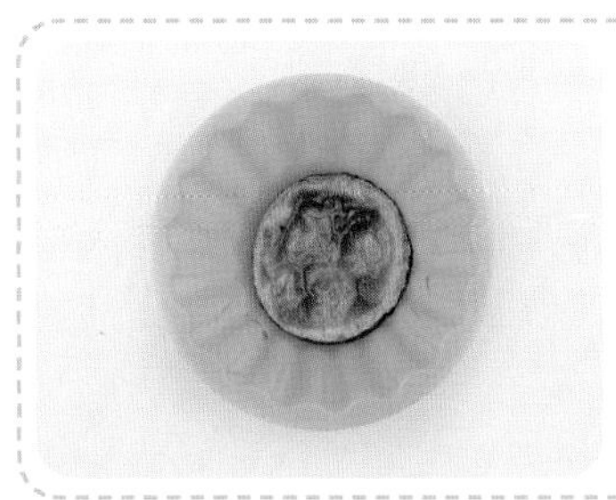

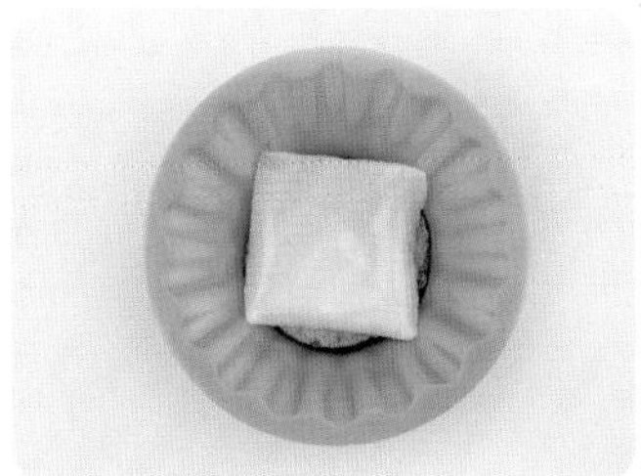

3. 실리콘용기에 애호박을 깔고 케첩을 얇게 펴바르고 아기치즈를 올려주세요. 여러 번 반복해서 쌓아주세요.

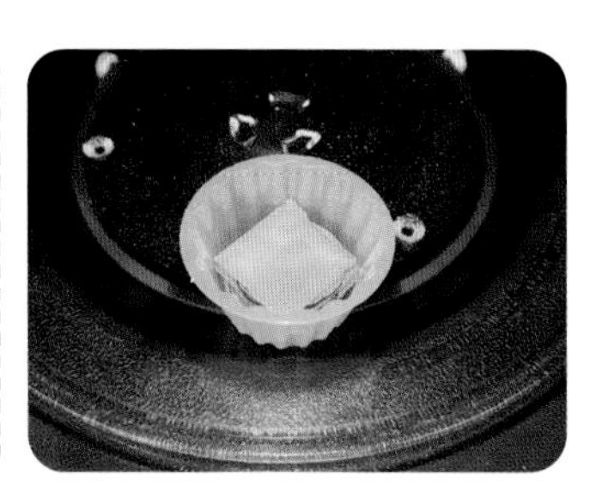

4. 전자레인지에 50초간 돌려주세요.

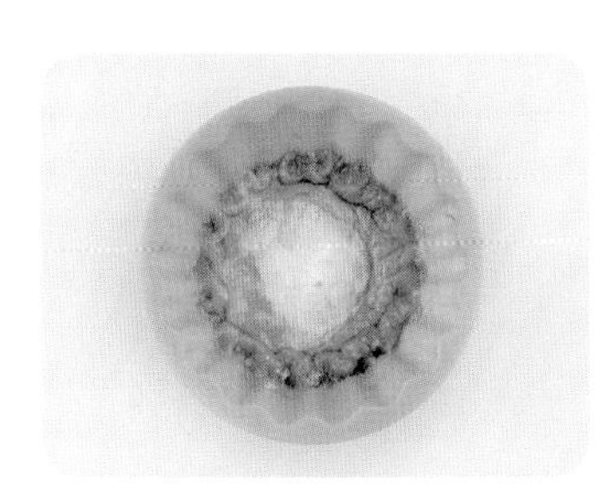

5. 식으면 용기에서 떼어낸 후 파슬리 가루를 뿌려주세요.

TIP

- 애호박은 얇게 썰어주세요. 케첩 섭취 전인 아이들은 케첩은 생략해도 좋아요.
- 오븐에 돌리면 더 맛있겠지만 전자레인지에 돌려도 맛있답니다.

애호박치즈크로켓

"

애호박 사이에 치즈를 넣어 튀긴 요리입니다.
먹어보지 않아도 정말 맛있을 것 같지 않나요?
애호박을 싫어하는 아이들도 잘 먹는 요리예요.

재료 **2회분**

☐ 애호박 60g(8조각) ☐ 아기치즈 1장 ☐ 계란 1개 ☐ 부침가루 ☐ 빵가루

1. 애호박은 얇게 썰고 계란 1개는 풀어주세요.

2. 아기치즈를 9등분해 애호박 위에 2개씩 올려주세요.

3. 나머지 애호박으로 덮어주세요.

4. 부침가루-계란물-빵가루 순서로 튀김옷을 입혀주세요.

5. 팬에 기름을 자작하게 붓고 예열 후 애호박을 넣어 노릇하게 튀겨주세요.

TIP

부침가루, 계란, 빵가루 옷을 입히는 과정에서 애호박이 움직일 수 있어요. 애호박 사이의 치즈를 이용하여 애호박이 서로 붙을 수 있도록 눌러주세요.

양파조림

“반찬을 만들 때 양파는 기본으로 들어가죠?
다른 재료 없이 양파만을 졸여도 간단하고 맛있는 반찬이 됩니다.
양파조림을 잘게 잘라 김가루와 함께 밥에 비벼도 맛있어요.

재료 2회분

□ 양파 70g □ 통깨

양념 ■ 물 200ml ■ 아기간장 1티스푼 ■ 올리고당 1티스푼

1. 양파는 먹기 좋게 썰어주세요.

2. 팬에 기름을 둘러 약 1분간 양파를 볶아주세요.

3. 양파가 투명하게 익으면 분량의 양념을 넣어 약 8분간 끓여주세요.

4. 가스 불을 끄고 통깨를 뿌려주세요.

어묵잡채

"시은이는 어묵과 당면을 좋아해요. 저도 마찬가지인데
그런 저를 위해 어린 시절에 친정 엄마가 맛있게 만들어주셨던
어묵잡채가 떠올라 만들어본 메뉴입니다.
어묵의 식감이 쫄깃해서 고기잡채보다 더 맛있어요.

재료 2회분

☐ 어묵 30g ☐ 당면 10g(불리기 전) ☐ 느타리버섯 10g ☐ 당근 10g ☐ 양파 10g ☐ 대파 3g

양념 ■ 아기간장 1티스푼 ■ 설탕 1티스푼 ■ 참기름 조금 ■ 통깨

1. 당면을 물에 담가 약 30분간 불려주세요. 당근, 양파, 어묵, 대파는 채 썰고 버섯은 밑동을 제거하고 가닥을 분리해주세요.

2. 어묵은 뜨거운 물에 약 30초간 담근 후 체에 밭쳐 물기를 빼주세요.

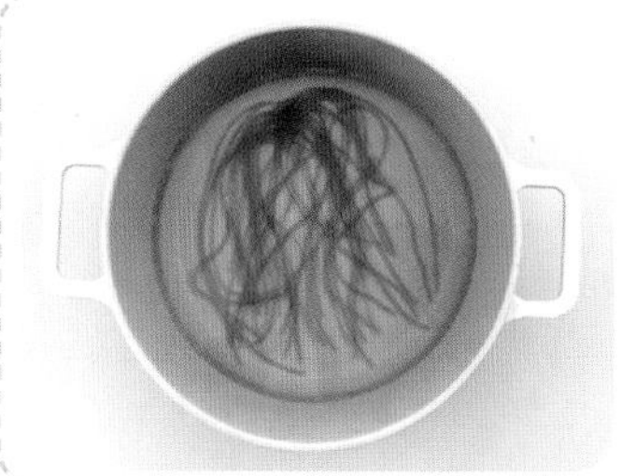

3. 당면은 약 5분간 삶고 체에 밭쳐 물기를 빼주세요.

4. 팬에 기름을 둘러 당근과 양파를 약 1분간 볶아주세요.

5. 어묵과 느타리버섯을 넣어 약 1분간 볶다가 대파를 넣어 약 1분간 더 볶아주세요.

6. 그릇에 당면과 볶아 놓은 재료를 담고 분량의 양념을 넣어 버무려주세요.

TIP

어묵은 최대한 당면과 비슷한 두께로 썰어 만들어주세요. 어묵은 뜨거운 물에 살짝 담갔다가 물기를 빼는데 이 과정을 통해 기름기를 제거해요.

반찬 49

오이된장무침

"
된장 향이 은은하게 나는 오이무침입니다.
오이에 된장을 바로 무치기 보다는 된장을 물에 풀어
아이가 먹기 좋게 양념을 만들었어요.
느끼한 메뉴를 먹을 때 오이된장무침을 곁들여주면
개운하고 좋아요.

재료 1회분

□ 오이 40g □ 통깨

양념 ■ 물 30ml ■ 아기된장 0.5티스푼 ■ 참기름 조금

1. 오이는 얇게 썰어주세요.

2. 물 30ml에 아기된장 0.5티스푼을 풀어주세요.

3. 된장을 푼 물에 오이를 넣어 약 1시간 동안 절여주세요.

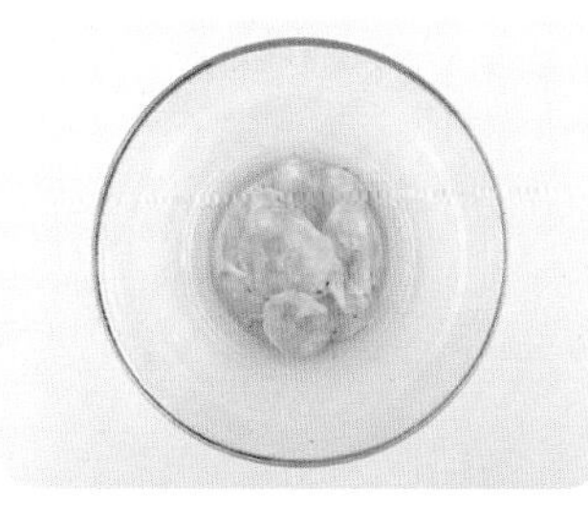

4. 된장물에 절인 오이를 면보나 손으로 꾹 짜주세요.

5. 참기름과 통깨를 넣어 버무려주세요.

TIP

- 오이는 최대한 얇게 썰어주세요. 슬라이서를 이용하면 좋아요. 된장이 들어가서 따로 소금으로 절이지 않았어요.
- 273p의 오이무침도 만들어보세요.

차돌박이가지볶음

"고소하고 쫄깃한 차돌박이와 가지를 함께 볶았어요. 양념을 조금 더 만들어 덮밥으로 만들어줘도 좋은 메뉴입니다. 아이의 밥을 만들고 남은 재료에 굴소스를 추가하면 엄마 아빠도 맛있는 덮밥을 먹을 수 있답니다.

재료 2회분

□ 차돌박이 30g □ 가지 30g □ 양파 20g □ 다진 마늘 3g □ 통깨

양념 ■ 물 30ml ■ 아기간장 1티스푼 ■ 올리고당 1티스푼 ■ 맛술 0.5티스푼

1. 차돌박이는 키친타월로 핏물을 빼고 가장자리 비계는 제거하고 먹기 좋게 썰어주세요. 가지는 반달로 썰고 양파는 채썰고 마늘은 다져주세요.

2. 팬에 기름 없이 차돌박이를 약 1분간 볶다가 차돌박이 기름이 나오면 양파를 넣어 약 2분간 볶아주세요.

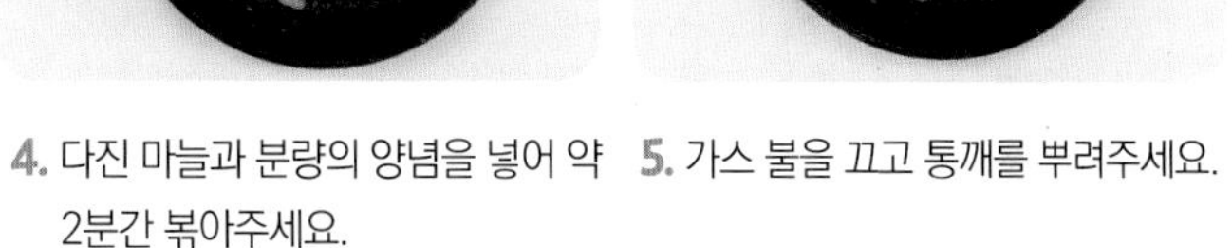

3. 가지를 넣어 약 1분간 볶아주세요.

4. 다진 마늘과 분량의 양념을 넣어 약 2분간 볶아주세요.

5. 가스 불을 끄고 통깨를 뿌려주세요.

TIP

- 차돌박이는 비계가 많아서 기름이 많이 나와요. 그래서 따로 기름을 두르지 않았고, 가장자리에 있는 비계는 어느 정도 제거했어요. 만약 비계를 많이 제거해서 기름이 없다면 볶을 때 재료가 탈 수 있으므로 기름을 살짝 둘러야 해요.
- 차돌박이는 개월 수가 적은 아이들이 먹기에는 기름이 많고 질길 수 있어요. 어린 아이들에게 먹일 때는 다진 소고기로 대체해서 기름을 둘러 볶아주세요.

반찬 51

청경채전

"

청경채는 중국 배추의 일종입니다. 시은이네 집은 배추전이 생각날 때 종종 청경채전을 부쳐 먹어요. 배추는 알배기여도 양이 너무 많아서 한 번 사면 부담스러운데 청경채는 양이 적당해서 구매하기에 부담이 없기 때문이죠. 초록잎이라도 아이가 잘 먹을 수 있는 메뉴예요. 안쪽 잎은 크기가 작아서 아이용 전을 부칠 때 사용하면 귀여운 청경채전이 완성됩니다.

재료 1회분

□ 청경채 30g(1포기) □ 부침가루 □ 물

1. 청경채는 한 잎씩 분리해 뿌리 쪽을 3cm 정도 칼집내주세요. 부침가루와 물을 1:2 비율로 섞어 묽은 반죽물을 만들어주세요.

2. 부침가루-반죽물(부침가루+물) 순서로 입혀주세요.

3. 팬에 기름을 둘러 구워주세요.

TIP

뿌리 쪽은 둥근 모양이기 때문에 칼집을 내어 뿌리 쪽을 편 다음 전을 부칩니다. 그래야 골고루 잘 익힐 수 있어요.

콩나물잡채

"

잡채는 잔치음식이라고 해서 손이 많이 가는
요리라고 생각하시는데, 콩나물을 넣어 간단하게
만들 수 있어요. 고기를 굳이 넣지 않고 냉장고에
남아있는 자투리 재료들로 콩나물잡채를
만들 수 있답니다. 콩나물의 아삭한 식감과
쫄깃한 당면의 조화가 일품인 요리입니다.

재료 2회분

□ 콩나물 40g □ 당면 10g(불리기 전) □ 당근 20g □ 양파 10g □ 대파 3g □ 통깨

양념 ■ 물 20ml ■ 아기간장 2티스푼 ■ 설탕 1티스푼 ■ 참기름 조금

1. 당면은 30분간 물에 불리고 당근, 양파, 대파는 채썰어주세요.

2. 콩나물을 약 3분간 삶고 체에 밭쳐 물기를 빼주세요.

3. 당면은 약 5분간 삶고 체에 밭쳐 물기를 빼주세요.

4. 팬에 기름을 둘러 당근, 양파, 대파를 볶아주세요.

5. 콩나물, 당면을 넣어 약 30초간 볶다가 분량의 양념을 넣어 약 2분간 더 볶아주세요. 가스 불을 끄고 통깨를 뿌려주세요.

TIP

콩나물의 식감을 싫어하는 아이들은 레시피보다 조금 더 데쳐서 조리해주세요.

콩나물전

"콩나물을 1봉지 구매하면 3인 가구가 먹기엔 너무 많아서 어떻게 처리할지 고민하다가 만들었어요. 콩나물을 좋아하는 아이, 싫어하는 아이 모두에게 인기 만점인 메뉴입니다. 이 메뉴로 콩나물 먹이기를 처음으로 성공했다는 후기가 많았어요.

재료 1회분

□ 콩나물 40g □ 대파 3g □ 부침가루 2큰술가락 □ 물 30ml

1. 콩나물, 대파는 잘게 다져주세요.

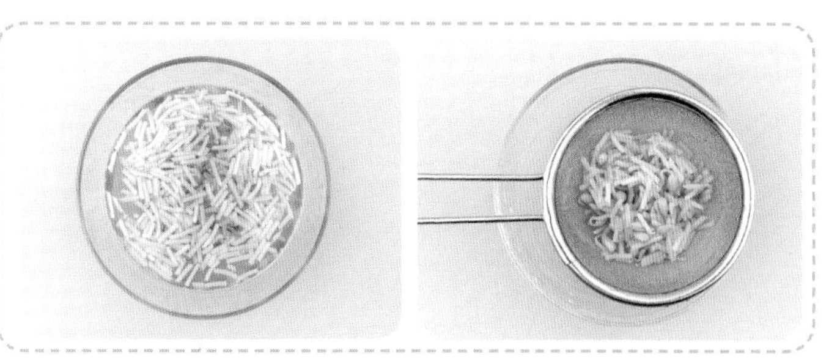

2. 뜨거운 물에 다진 콩나물을 3분간 담가주세요. 숨이 죽으면 건져서 체에 밭쳐 물기를 빼주세요.

3. 그릇에 콩나물, 대파를 담고 부침가루 2큰술가락, 물 30ml를 넣어 섞어주세요.

4. 팬에 기름을 둘러 전을 노릇노릇하게 부쳐주세요.

TIP

콩나물의 아삭한 식감 때문에 뜨거운 물에 담가두는 과정이 필요해요. 아삭함을 좋아하는 아이라면 이 과정을 생략해도 좋아요.

콩나물카레볶음

"
콩나물은 한 번 사면 양이 어마어마해서 무얼 해 먹일지
항상 고민이죠. 이럴 때 카레가루로 콩나물을 볶아보세요.
잘 어울릴까 싶었지만 예상 외로 맛있었던 메뉴예요.
다진 마늘과 카레가루로 콩나물을 볶아
비린내가 전혀 나지 않아요.

재료 2회분

☐ 콩나물 50g ☐ 당근 15g ☐ 물 50ml ☐ 카레가루 1티스푼 ☐ 대파 2g ☐ 다진 마늘 2g ☐ 통깨

1. 당근은 채썰고 대파는 송송 썰고 마늘은 다져주세요. 물 50ml에 카레가루를 풀어주세요.

2. 팬에 기름을 둘러 다진 마늘을 약 30초간 볶아주세요.

3. 콩나물을 약 1분간 볶다가 당근을 넣어 약 1분간 볶아주세요.

4. 카레물을 부어 약 1분 30초간 볶다가 대파를 넣어 약 1분간 볶아주세요.

5. 가스 불을 끄고 통깨를 뿌려주세요.

TIP

아이가 콩나물의 아삭한 식감을 좋아한다면 물을 적게 넣고, 너무 오래 볶지 마세요.

크래미강정

"크래미로 만드는 강정입니다. 크래미의 비린 맛 때문에 크래미를 싫어하는 아이들이 있어요. 시은이도 그중 한 명이었기 때문에 고민 끝에 강정을 만들었는데 정말 잘 먹었어요. 특유의 비린 맛 때문에 크래미를 좋아하지 않는 아이에게 추천하는 요리예요.

재료
1회분

□ 크래미 40g(2개) □ 전분가루

양념 ■ 물 10ml ■ 아기간장 0.5티스푼 ■ 케첩 0.5티스푼 ■ 올리고당 0.5티스푼

1. 크래미는 깍둑썰어주세요.

2. 봉지에 전분가루와 크래미를 넣고 흔들어 전분가루 옷을 입혀주세요.

3. 팬에 자작하게 부은 기름을 예열한 후 크래미를 넣고 약 1분간 튀겨주세요.

4. 키친타월로 기름과 전분가루를 닦아주세요.

5. 가스 불을 끄고 잔열 상태에서 분량의 양념을 넣어 버무려주세요.

TIP

- 예열 후 튀겨주세요. 예열을 하지 않으면 전분가루가 기름에 풀어져서 크래미를 바삭하게 튀길 수 없어요.
- 양념을 입힐 때는 센 불에서는 양념이 탈 수 있으니 잔열 상태나 약불에서 조리해주세요.

크래미김전

"크래미로 만들 수 있는 간단한 반찬입니다. 먹음직스럽고
고소한 김이 둘러져 있어서 아이가 좋아할 수밖에 없는 반찬이에요.

재료 2회분

□ 크래미 80g(4개) □ 계란 1개 □ 밀가루 □ 구운 김 1/4장

1. 크래미는 반으로 자르고 김은 띠 모양으로 잘라주세요.

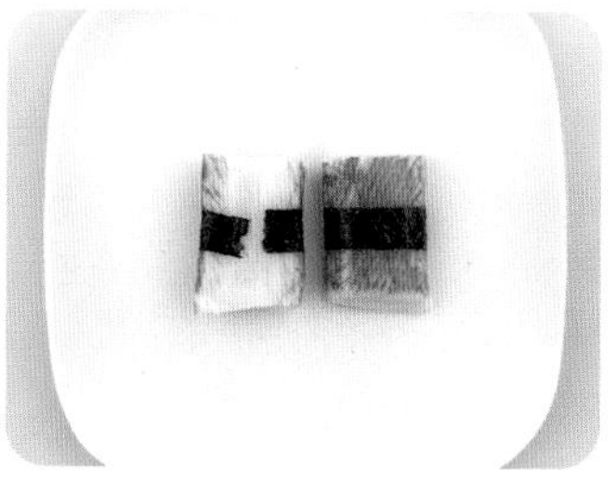

2. 크래미에 김을 둘러주세요.

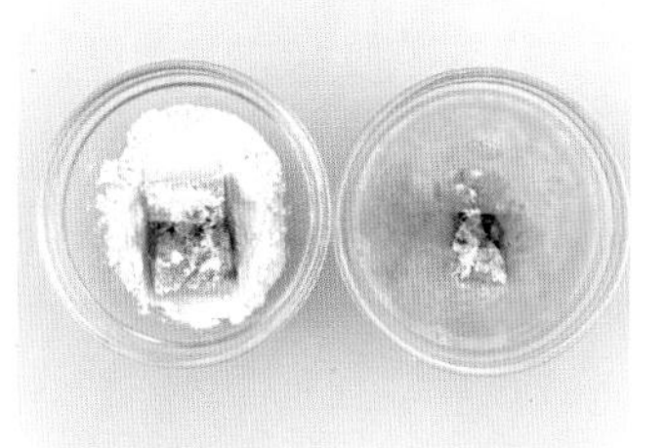

3. 밀가루-계란물 순서로 입혀주세요.

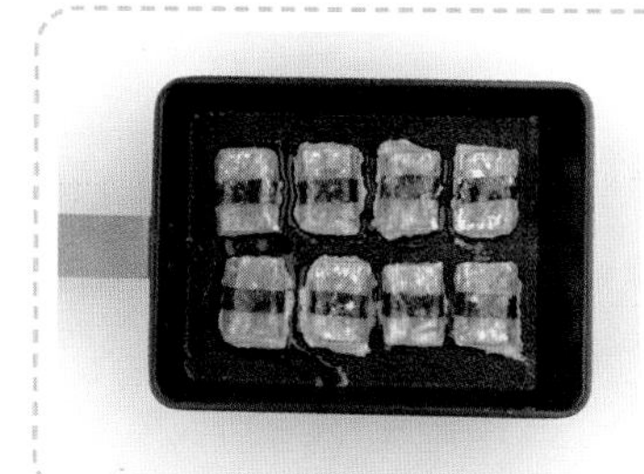

4. 팬에 기름을 두르고 앞뒤 뒤집어가며 약 2분간 구워주세요.

TIP

크래미는 간이 되어 있어 부침가루 대신 밀가루를 사용했어요. 밀가루가 없다면 부침가루를 사용해도 무방해요.

크래미오이샐러드

“ 오이를 먹이기 위해 만들어줬던 음식이에요. 마요네즈와 크래미의
효과인지는 몰라도 오이를 잘 먹었고 이후에도
오이 음식을 좋아하게 됐답니다.

재료 2회분

☐ 크래미 40g(2개) ☐ 오이 40g ☐ 마요네즈 1큰숟가락 ☐ 통깨

1. 크래미는 결대로 찢고 오이는 채썰어주세요.
2. 볼에 크래미와 오이, 마요네즈 1큰숟가락을 넣어 버무려주세요.
3. 통깨를 뿌려주세요.

팽이버섯치즈전

"계란이나 부침가루 없이 팽이버섯과 치즈만 있으면 완성할 수 있는 전입니다. 버섯을 싫어하는 아이에게 버섯을 맛있게 먹일 수 있는 메뉴예요. 바삭한 식감의 팽이버섯치즈전으로 버섯 먹이기에 도전해보세요.

재료 1회분

□ 팽이버섯 50g □ 아기치즈 1장 □ 파슬리가루(선택)

1. 팽이버섯은 밑동을 제거한 후 먹기 좋게 썰어주세요.

2. 기름을 두르지 않은 팬에 준비해 놓은 팽이버섯의 반을 깔고 아기치즈를 반 접어 올려 30초간 구워주세요.

3. 반 남은 팽이버섯을 치즈 위에 덮어주세요. 치즈가 녹으면서 팽이버섯이 앞뒤로 밀착되도록 눌러주세요.

4. 치즈가 녹을 때까지 약불에 굽다가 가장자리가 노릇노릇해지면 뒷면을 살짝 들어 팬에서 분리될 때 뒤집어주세요. 치즈가 녹은 후에 충분히 오래 구워야 팬에서 분리가 잘돼요.

5. 반대쪽도 치즈가 녹아 갈색이 될 때까지 기다린 후 팬에서 분리될 때 뒤집어주세요. 먹기 전에 파슬리가루를 뿌려주세요.

TIP

기다림의 미학이 필요한 요리입니다. 치즈를 굽는 과정에서 치즈가 탈까봐 치즈가 녹자마자 전을 뒤집으면 요리에 실패합니다. 치즈가 녹아 부글부글 끓어올라도 바로 뒤집지 말고 기다렸다가 가장자리가 갈색이 되면 살짝 들어올려 분리될 때 뒤집어주세요.

아주 쉬운 기본 밑반찬 15

주반찬도 중요하지만 식단 구성에는 기본 밑반찬들이 빠질 수 없죠. 더 많은 기본 반찬 만드는 법을 알고 싶은 분들을 위해 앞의 반찬 레시피들과는 별도로, 간단한 밑반찬 텍스트 레시피를 추가로 첨부했어요. 텍스트 레시피와 QR코드로 연결된 영상을 참고해 기본 밑반찬을 만들어보세요.

1 감자조림

재료(다회분)
- 감자 1개
- 당근 50g
- 양파 30g
- 물 150ml
- 아기간장 1.5큰숟가락
- 올리고당 1큰숟가락
- 통깨

1. 감자, 당근, 양파를 작게 깍둑썰어주세요.
2. 냄비에 감자와 당근이 잠길 정도로 물을 붓고 약 5분간 삶아주세요.
3. 팬에 삶은 감자와 당근, 양파를 담고 물 150ml, 아기간장 1.5큰숟가락, 올리고당 1큰숟가락을 넣어 약 10분간 졸여주세요.
4. 가스 불을 끄고 통깨를 뿌려주세요.

재료(다회분)
- 감자 1개
- 당근 20g
- 양파 30g
- 아기소금 1꼬집
- 통깨

1. 감자는 채썰어 물에 담가 전분기를 빼고 당근, 양파는 채썰어주세요.
2. 감자는 물과 함께 전자레인지에 1분간 돌려 살짝 익힌 후 체에 밭쳐 물기를 빼고 키친타월로 한 번 더 물기를 제거해요.
3. 팬에 기름을 둘러 감자, 양파, 당근을 같이 볶아주세요.
4. 아기소금 1꼬집을 넣고 볶다 통깨를 뿌려주세요.

재료(2회분)
- 계란 2개
- 당근 10g
- 대파 2g
- 물 40ml
- 맛술 0.5티스푼
- 아기소금 1꼬집
- 참기름 조금

1. 당근을 잘게 다지고 대파는 송송 썰고 계란은 풀어주세요.
2. 전자레인지용 용기에 참기름을 골고루 발라주세요.
3. 용기에 계란물을 붓고 당근, 대파, 물, 맛술, 아기소금을 분량만큼 넣어 잘 섞어주세요.
4. 랩을 씌운 후 구멍을 뚫고 전자레인지에 약 2분간 돌려주세요.

4 김부각

재료(다회분)
- 구운 김
- 라이스페이퍼

1. 라이스페이퍼를 물에 적신 다음, 김에 꾹꾹 눌러 붙여주세요.
2. 김을 붙이지 않은 부분은 건조 후 잘라내거나 김 전체에 라이스페이퍼를 붙여주세요.
3. 6시간 이상 완전 건조 후 먹기 좋게 잘라주세요.
4. 팬에 기름을 붓고 예열 후 라이스페이퍼를 붙인 면이 기름에 닿게 하여 튀겨주세요.

5 느타리버섯 볶음

재료(3회분)
- 느타리버섯 60g
- 당근 20g
- 양파 20g
- 대파 10g
- 다진 마늘 2g
- 아기간장 1티스푼
- 올리고당 1티스푼
- 참기름 조금
- 통깨

1. 느타리버섯은 밑동을 제거하고 먹기 좋게 썰어주세요. 당근, 양파, 대파는 채썰고 마늘은 다져주세요.
2. 팬에 기름을 두르고 다진 마늘, 당근, 양파, 대파를 넣어 약 1분간 볶아주세요.
3. 야채의 숨이 죽으면 느타리버섯을 넣어 약 1분간 볶다가 아기간장 1티스푼, 올리고당 1티스푼을 넣어 약 1분간 볶아주세요.
4. 가스 불을 끄고 참기름, 통깨를 뿌려주세요.

재료(다회분)
- 메추리알 30개
- 다시마 1장
- 물 500ml
- 아기간장 2.5큰숟가락
- 올리고당 2큰숟가락
- 통깨

1. 메추리알은 약 8분간 삶은 후 껍질을 제거해주세요.
2. 냄비에 물과 메추리알을 담고 다시마, 아기간장, 올리고당을 분량만큼 넣어 끓여주세요.
3. 약 10분 끓인 후 다시마는 건져내고 20분간 더 끓여주세요.
4. 가스 불을 끄고 통깨를 뿌려주세요.

재료(3회분)
- 잔멸치 50g
- 물 30ml
- 아기간장 1티스푼
- 올리고당 2티스푼
- 통깨

1. 기름 없이 마른 팬에 멸치를 약 30초간 볶아주세요.
2. 체에 밭쳐 찌꺼기를 걸러주세요.
3. 기름을 두르고 멸치를 약 1분간 볶아주세요.
4. 물 30ml, 아기간장 1티스푼을 넣어 약 1분 30초간 볶다가 올리고당 2티스푼을 넣어 버무려주세요.
5. 가스 불을 끄고 통깨를 뿌려주세요.

재료(다회분)

- 무 150g
- 대파(흰 부분) 1대
- 다시마 1장
- 물 500ml
- 아기간장 1.5큰술가락
- 올리고당 1큰술가락
- 통깨

1. 무는 1cm 두께로 썰어 4등분하고 대파 1대는 큼직하게 썰어주세요.
2. 냄비에 물을 붓고 무, 아기간장 1.5큰술가락, 올리고당 1큰술가락, 다시마, 대파를 넣고 약 10분간 끓여주세요.
3. 10분 후에 다시마를 건져내고 20분간 더 졸여주세요.
4. 가스 불을 끄고 참기름, 통깨를 넣어 버무려주세요.

재료(다회분)

- 병아리콩 130g
- 물 500ml
- 아기간장 2큰술가락
- 올리고당 2큰술가락
- 참기름 조금
- 통깨

1. 병아리콩은 깨끗하게 세척 후 약 6시간 이상 물에 불려주세요.
2. 병아리콩을 냄비에 담고 물을 붓고 약 15분간 삶아주세요. 물이 끓어오르면 거품을 걷어주세요.
3. 병아리콩이 익으면 아기간장과 올리고당 2큰술가락을 넣어 약 20분간 졸여주세요.
4. 가스 불을 끄고 참기름, 통깨를 넣어 버무려주세요.

10 소고기 가지볶음

재료(3회분)
- 소고기 다짐육 50g
- 가지 50g
- 양파 20g
- 참기름 조금
- 통깨

양념
- 물 30ml
- 아기간장 1.5티스푼
- 올리고당 1티스푼
- 맛술 0.5티스푼

1. 소고기 다짐육은 키친타월로 핏물을 빼고 가지는 반달로 썰고 양파는 채 썰어주세요.
2. 팬에 기름을 둘러 소고기 다짐육을 약 1분간 볶다가 양파, 가지를 넣어 약 1분간 볶아주세요.
3. 분량의 양념을 넣어 약 2분간 볶아주세요.
4. 가스 불을 끄고 참기름, 통깨를 넣어 버무려주세요.

11 소고기 장조림

재료(3회분)
- 장조림용 소고기 300g (우둔살, 홍두깨, 사태, 양지 등)
- 양파 1개
- 대파(흰 부분) 2대
- 다시마 1장
- 통후추 5알
- 물 800ml
- 아기간장 2큰숟가락
- 올리고당 2큰숟가락
- 통깨

1. 장조림용 소고기를 약 20분간 물에 담가 핏물을 빼주세요. 양파, 대파는 큼직하게 썰어주세요.
2. 냄비에 소고기, 양파, 대파, 통후추를 담고 물을 부은 다음, 거품을 걷어내며 약 20분간 끓여주세요.
3. 고기는 건져서 식힌 후에 결대로 찢고, 육수는 체에 밭쳐 건더기를 건져주세요.
4. 육수에 고기, 아기간장과 올리고당 2큰숟가락, 다시마를 넣어 약 10분간 끓이다가 다시마를 건져낸 후 약 20분간 더 졸여주세요.
5. 가스 불을 끄고 통깨를 뿌려주세요.

재료(3회분)
- 애호박 70g
- 양파 50g
- 밥새우 2티스푼
- 아기간장 0.5티스푼
- 참기름 조금
- 통깨

1. 애호박, 양파를 채썰어주세요.

2. 양파를 약 1분간 볶다가 애호박을 넣어 약 1분간 볶아주세요.

3. 아기간장 0.5티스푼, 밥새우를 넣고 약 1분간 볶아주세요.

4. 가스 불을 끄고 참기름, 통깨를 넣어 버무려주세요.

재료(3회분)
- 어묵 40g
- 당근 20g
- 양파 20g
- 대파 10g
- 다진 마늘 2g
- 물 20ml
- 아기간장 1티스푼
- 올리고당 1티스푼
- 참기름 조금
- 통깨

1. 어묵은 채썬 다음, 뜨거운 물을 붓고 체에 밭쳐 물기와 기름을 빼주세요. 당근, 양파, 대파는 채썰고 마늘은 다져주세요.

2. 팬에 기름을 두르고 다진 마늘, 양파, 당근을 넣어 약 1분간 볶아주세요.

3. 어묵을 넣어 약 1분간 볶다가 물 20ml, 아기간장 1티스푼, 올리고당 1티스푼을 넣어 약 1분간 볶아주세요.

4. 대파를 넣어 볶은 후 가스 불을 끄고 참기름, 통깨를 넣어 버무려주세요.

14 오이무침

재료(2회분)
- 오이 1/2개
- 굵은 소금 0.5티스푼
- 참기름 조금
- 통깨

1. 오이는 얇게 슬라이스해주세요.
2. 오이에 굵은 소금을 골고루 버무려 약 20분간 재워주세요.
3. 소금에 절인 오이는 물에 두어 번 세척 후 물기를 꾹 짜주세요.
4. 참기름, 통깨를 넣어 버무려주세요.

15 크래미 콩나물무침

재료(3회분)
- 콩나물 50g
- 크래미 2개
- 아기간장 0.5티스푼
- 아기소금 1꼬집
- 참기름 조금
- 통깨

1. 콩나물을 약 4분간 삶아 흐르는 물에 헹군 후 체에 받쳐 물기를 빼주세요.
2. 크래미는 결대로 찢어주세요.
3. 볼에 콩나물과 크래미를 담고 아기간장 0.5티스푼, 아기소금 1꼬집, 참기름, 통깨를 넣어 버무려주세요.

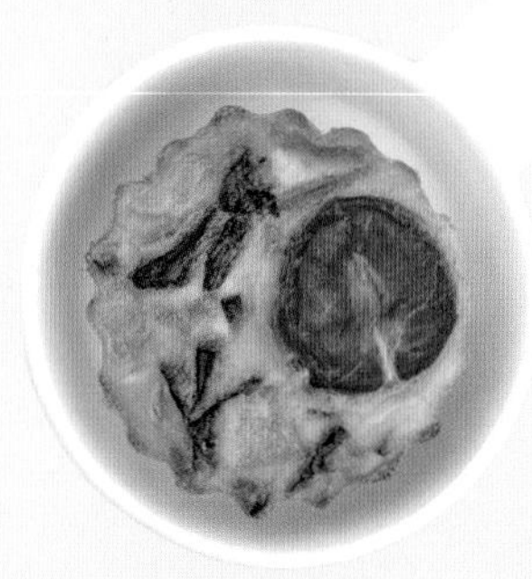

간식

맛과 영양까지 모두 챙긴 엄마표 간식이에요.
간식 만들기를 부담스러워하는 엄마들을 위해 초간단 레시피를
준비했어요.

간장떡꼬치

"시은이가 18개월 전까지는 떡을 좋아하지 않았는데 조금 큰 후로는 떡을 잘 먹었어요. 특히나 떡을 꼬치에 꽂아주면 떡을 하나씩 빼 먹는 걸 좋아했어요. 아이가 떡꼬치를 들고 먹을 수 있는 개월 수라면 꼬치를 이용해 다양한 메뉴를 만들어보세요.

재료 3개분

☐ 떡 70g(9개) ☐ 꼬치(소)

양념 ■ 아기간장 1티스푼 ■ 올리고당 1티스푼 ■ 참기름 조금 ■ 통깨

1. 떡을 약 30분간 물에 불려주세요.

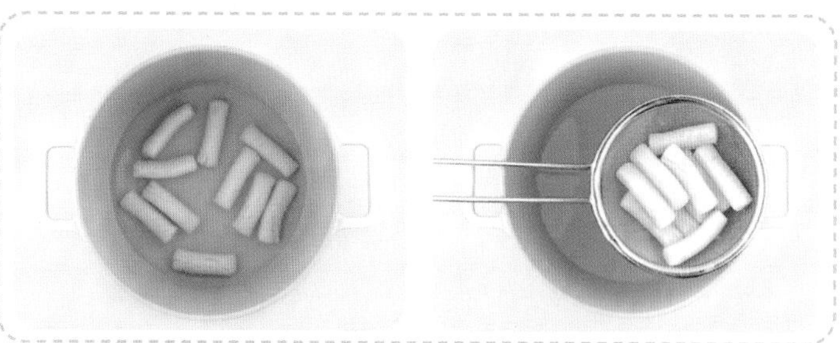

2. 떡을 약 1분간 데쳐 물에 헹군 후 체에 밭쳐 물기를 빼주세요.

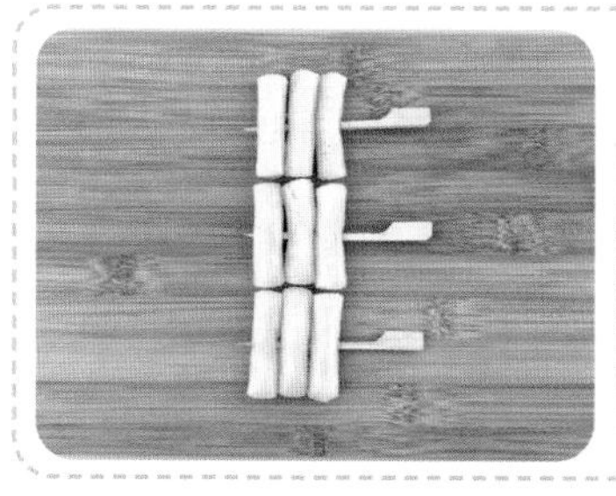

3. 꼬치에 끼워 기름에 약 1분간 튀겨주세요.

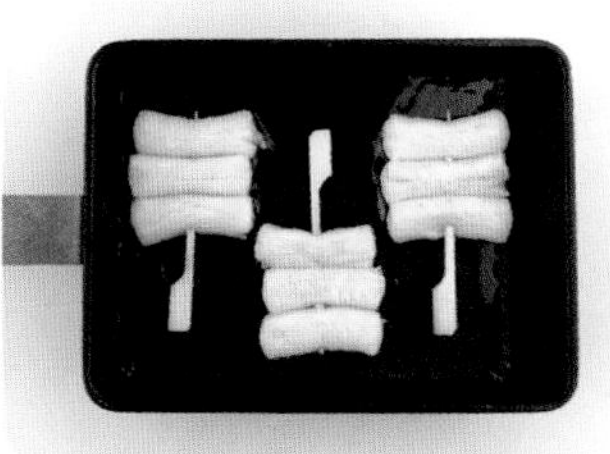

4. 분량의 양념을 섞은 다음 골고루 발라주세요.

TIP

- 떡을 기름에 오래 튀기면 아이가 씹기에 떡이 딱딱해져요. 겉면만 살짝 튀겨주세요.
- 먹기 전에 꼬치의 뾰족한 부분을 잘라주세요.

감자버터구이

"
고속도로 휴게소에서 흔히 볼 수 있는 감자버터구이를 집에서 만들었어요. 겉은 바삭하면서 속은 부드러운 감자에 버터 향이 더해져 아이가 좋아할 수밖에 없는 메뉴예요. 간단하게 만들 수 있는 간식입니다.

재료
2회분

☐ 감자 100g ☐ 무염버터 5g ☐ 아기소금 1꼬집 ☐ 파슬리가루(선택)

1. 감자는 15분간 물에 담가 전분기를 빼주세요.

2. 감자가 잠길 정도로 물을 붓고 약 2분간 전자레인지를 돌려 감자를 살짝 익힌 후 체에 밭쳐 물기를 빼주세요.

3. 팬에 무염버터를 녹여 감자를 약 2분간 구워주세요. 아기소금 1꼬집을 넣어 간을 맞춰주세요.

4. 먹기 전에 파슬리가루를 톡톡 뿌려주세요.

TIP

감자는 바로 버터에 구워도 되지만 시간이 오래 걸리기 때문에 전자레인지나 물에 한 번 끓여 익힌 후에 버터에 구워주세요. 요리 시간도 단축되고 겉을 태우지 않고 속까지 익힐 수 있어요.

감자치즈떡

"이모모찌라는 일본식 감자떡입니다. 감자에 아기치즈를 넣고 무염버터에 구우면 온 집안에 맛있는 냄새가 퍼져요. 팬에 굽고 있는데 시은이가 주방으로 와서는 "엄마 맛있는 거 만들어? 시은이도 먹고 싶어"라며 반짝반짝거리는 눈으로 저를 쳐다봤던 기억이 나는 메뉴예요.

□ 감자 150g □ 전분가루 1큰숟가락 □ 아기소금 1꼬집 □ 아기치즈 1장 □ 무염버터 8g

1. 감자는 큼지막하게 썰어주세요.

2. 그릇에 물과 함께 감자를 담고 전자레인지에 약 4분간 돌려 감자를 익혀주세요.

3. 뜨거운 상태에서 감자를 으깨주세요.

4. 아기소금 1꼬집과 전분가루 1큰숟가락을 넣어 섞어주세요.

5. 반죽을 여러 개로 나눠주세요. 동그랗게 빚어 납작하게 누르고 아기치즈를 넣어 감싼 후에 다시 납작하게 눌러주세요.

6. 팬에 무염버터를 녹인 후 치즈를 넣은 감자 반죽을 노릇하게 구워주세요.

TIP

- 전분가루를 한 번에 넣기보다는 소량씩 나눠 넣어 반죽을 해주세요. 전분가루를 너무 많이 넣거나 반죽을 오래 방치하면 반죽이 갈라질 수 있으니 주의해주세요.
- 아기치즈를 많이 넣으면 반죽 밖으로 새어 나올 수 있으니 적당히 넣어주세요.
- 버터 대신 식용유로 구워도 좋아요.

감자프리타타

“

감자로 만든 이탈리아식 오믈렛이에요.
프라이팬으로 만들 수도 있지만 실리콘 용기로
간단하게 만들 수 있는 간식입니다.
우유를 넣어 만들어서 부드러운 식감을
느낄 수 있어요.

☐ 감자 30g ☐ 계란 1개 ☐ 양파 10g ☐ 당근 10g ☐ 우유 20ml ☐ 아기소금 1꼬집
☐ 파슬리가루(선택)

1. 감자, 당근, 양파를 채썰어주세요. 계란 1개는 풀어주세요.

2. 계란물에 우유 20ml, 아기소금 1꼬집을 넣어 섞어주세요.

3. 팬에 기름을 두르고 감자, 당근, 양파를 약 1분간 볶아주세요.

4. 실리콘 용기나 유리 용기에 익힌 야채들과 계란물을 부어주세요.

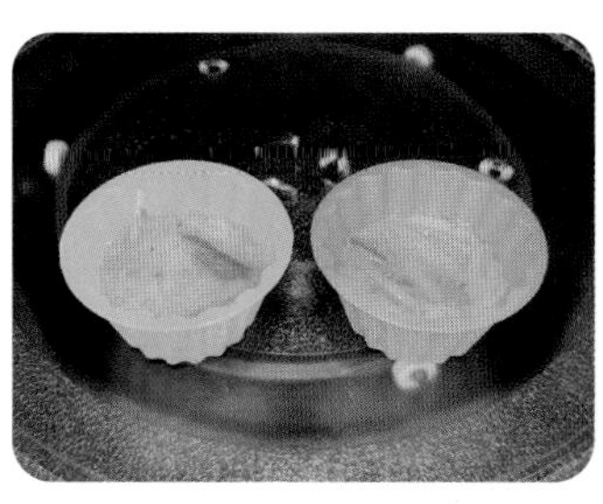

5. 오븐 180도에 예열 후 15분간 돌려주세요. 먹기 전에 파슬리가루를 뿌려주세요.

TIP

오븐이 없다면 에어프라이어를 활용해주세요. 에어프라이어도 없다면 전자레인지에 40초 정도 돌리면 완성됩니다(가정마다 전자레인지 사양이 다르므로 시간은 참고만 해주세요).

계란떡볶이

"

떡국을 먹을 때 계란 고명을 같이 먹으면
정말 맛있지요. 여기서 아이디어를 얻어
떡볶음에도 계란을 넣어봤어요. 양파도 같이
볶아서 달달하고 맛있는 계란떡볶이를
맛볼 수 있어요.

재료 2회분

□ 계란 1개 □ 떡 80g(10개) □ 양파 30g □ 대파 3g □ 무염버터 8g □ 아기간장 1티스푼 □ 물 20ml □ 통깨

1. 떡은 약 30분간 물에 불려주세요. 계란 1개를 풀고 양파는 채썰어주세요.

2. 팬에 무염버터를 녹이고 약 2분간 양파를 볶아주세요.

3. 물 20ml와 떡을 넣어 약 1분간 볶아주세요.

4. 떡이 익으면 계란물을 붓고 휘휘 저으며 볶아주세요.

5. 아기간장 1티스푼, 대파를 넣어 약 1분간 볶아주세요. 가스 불을 끄고 통깨를 뿌려주세요.

TIP

떡은 30분 이상 물에 불려주세요. 떡국 떡이나 조랭이 떡을 사용해도 좋아요. 떡을 처음 접하는 아이라면 떡국 떡을 잘게 잘라 만들어주세요.

고구마당근치즈전

"

대표적인 뿌리 채소인 고구마와 당근은 계절에 상관없이 구하기 쉬운 식재료예요. 영양 가득한 고구마와 당근을 함께 전으로 부쳐보세요. 치즈까지 추가하면 당근을 싫어하는 아이도 맛있게 먹을 수 있어요.

재료 1회분

☐ 고구마 30g ☐ 당근 30g ☐ 아기치즈 1장 ☐ 부침가루 2큰숟가락

1. 당근과 고구마를 아주 얇게 채썰어 주세요. 고구마는 약 15분간 물에 담가 전분기를 빼주세요.
2. 고구마를 체에 받쳐 물기를 제거해 주세요.
3. 볼에 당근, 고구마를 담고 부침가루 2큰숟가락을 넣어 잘 섞어주세요.

4. 팬에 기름을 둘러 고구마와 당근이 잘 엉겨붙은 상태로 편 후 약 5분간 구워주세요.
5. 뒤집어서 굽다가 고구마와 당근이 노릇하게 익으면 아기치즈를 올려 약 1분간 더 구워주세요.

TIP

당근과 고구마는 최대한 얇게 채썰어주세요.

고구마에그슬럿

"

달콤한 단호박에그슬럿을 만들어주려다가
맛있는 단호박이 나오지 않는 계절이었기에,
고구마를 이용해 만들어서 탄생한 요리예요.
간단하게 만들어 먹일 수 있는 아이 간식입니다.

재료
2회분

☐ 고구마 100g ☐ 계란 1개 ☐ 우유 20ml ☐ 아기치즈 1장 ☐ 파슬리가루(선택)

1. 고구마는 큼지막하게 썰어주세요.

2. 그릇에 물과 함께 고구마를 담고 전자레인지에 약 3분간 돌려주세요.

3. 고구마를 으깨주세요.

4. 우유 20ml를 섞어주세요.

5. 볼이나 그릇에 고구마를 깔고 그 위에 아기치즈와 계란을 올려주세요. 계란 노른자는 전자레인지에서 터질 위험이 있으니 포크로 찔러주세요.

6. 약 3분 30초간 전자레인지에 돌려주세요. 먹기 전에 파슬리가루를 뿌려주세요.

TIP

우유를 넣어 고구마의 뻑뻑함을 최소화했어요. 우유를 더 많이 넣어도 좋아요.

고구마칩

"

자꾸만 손이 가는 간식입니다. 달콤, 고소, 바삭해서 아이들이 좋아하는 메뉴예요. 재료도 고구마뿐이고 조리법도 간단해서 빠르게 만들 수 있어요.

☐ 고구마 100g

1. 고구마는 슬라이서를 이용하여 얇게 썰고 약 15분간 물에 담가 전분기를 제거해주세요.

2. 체에 밭쳐 물기를 빼주세요.

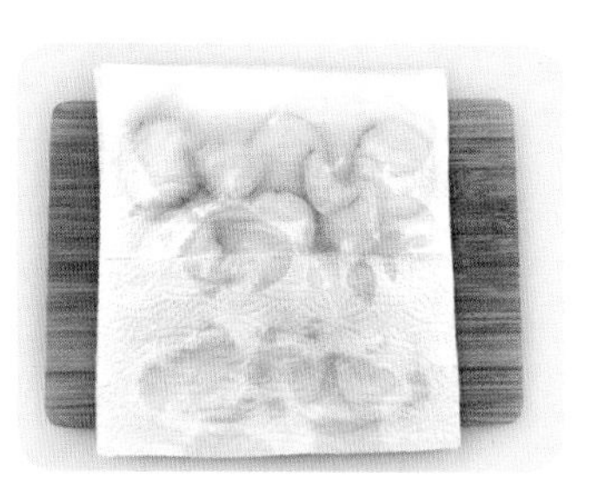

3. 키친타월로 물기를 완전히 제거해주세요.

4. 고구마 앞뒷면 골고루 기름을 발라주세요.

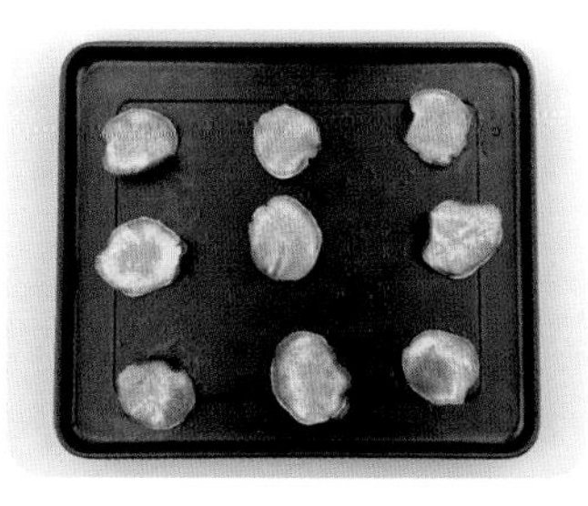

5. 오븐이나 에어프라이어에서 180도로 약 15분간 구워주세요. 중간에 한 번 뒤집어주세요.

TIP

- 고구마는 슬라이서를 이용해 얇게 썰어주세요. 슬라이서가 없다면 칼로 최대한 얇게 썰어주세요.
- 간을 안 해도 맛있지만 소금, 설탕을 추가하면 더 맛있어요.

두부치즈크로켓

“

두부를 안 좋아하는 아이들도 맛있게 먹을 수 있는 메뉴입니다.
치즈를 넣어 튀기기 때문에 맛이 없을 수가 없지요.
겉바속촉의 두부치즈크로켓. 인스타그램에서 후기가
좋았던 메뉴 중 하나예요. 꼭 한번 만들어보세요.

재료 **1회분**

☐ 두부 80g ☐ 아기치즈 1장 ☐ 계란 1개 ☐ 부침가루 ☐ 빵가루

1. 계란 1개를 풀고 두부는 먹기 좋게 잘라 물기를 제거해주세요.

2. 두부 위에 두부와 같은 크기로 자른 아기치즈를 올리고 두부로 덮어주세요.

3. 부침가루-계란물-빵가루 순으로 튀김옷을 입혀주세요.

4. 팬에 기름을 붓고 예열 후 노릇하게 튀겨주세요.

TIP

두부 사이에 넣은 치즈가 너무 크면 기름에 튀길 때 치즈가 밖으로 나와 튀기기 쉽지 않아요. 치즈는 두부와 같은 크기로 잘라 넣어주세요.

라이스페이퍼치즈스틱

"아이들이 좋아하는 치즈를 활용해서 치즈스틱을 만들었어요. 패스트푸드점에서 판매하는 치즈스틱은 아이들이 먹기에는 너무 짜고 만드는 방법도 복잡한데 라이스페이퍼로 치즈를 돌돌 말면 간편하게 치즈스틱을 만들 수 있어요.

재료 1회분

☐ 라이스페이퍼 2장 ☐ 아기치즈 2장 ☐ 계란 1개 ☐ 빵가루 ☐ 파슬리가루(선택)

1. 계란은 풀어주세요.

2. 아기치즈를 풀어지지 않게 꾹꾹 눌러 돌돌 말아주세요.

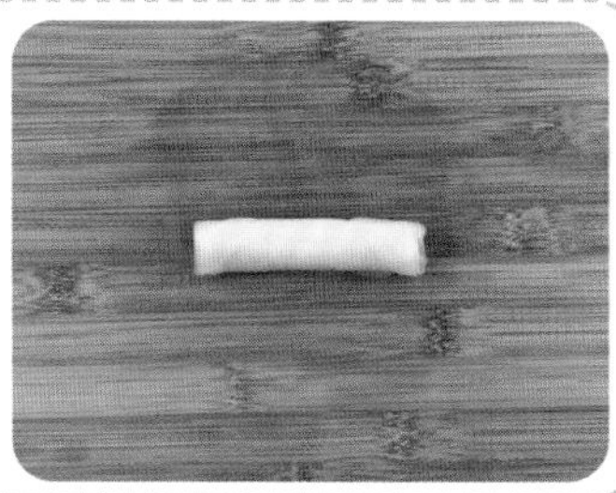

3. 라이스페이퍼를 물에 담가 흐물흐물해지면 꺼낸 후 그 위에 아기치즈를 올려주세요. 라이스페이퍼로 아기치즈를 앞으로 말고 양옆을 안으로 접고 또다시 앞으로 말아주세요.

4. 계란물-빵가루 순으로 튀김옷을 입혀주세요.

5. 펜에 기름을 넉넉하게 붓고 예열 후 약 1분간 라이스페이퍼치즈를 튀겨주세요. 먹기 전에 파슬리가루를 뿌려주세요.

TIP

오래 튀기면 치즈가 밖으로 새어 나와요. 겉면만 익히면 되니 오래 튀기지 마세요.

마늘스틱

"
집에서 간단하게 만들 수 있는 마늘빵입니다.
마늘을 넣었지만 버터 향과 달콤함이 더해져 맵지 않아요.
시중에 파는 마늘스틱은 너무 딱딱하니 집에서 만들어보세요.

재료 2회분

☐ 식빵 1개

양념 ■ 무염버터 10g ■ 다진 마늘 5g ■ 올리고당 10g ■ 파슬리가루

1. 식빵을 세로로 4등분해주세요. 마늘은 다지고 무염버터 10g은 전자레인지에 약 40초간 돌려 완전히 녹여주세요.

2. 분량의 양념을 섞어주세요.

3. 식빵 앞뒷면에 골고루 발라주세요.

4. 에어프라이어 180도에서 약 10분간 구워주세요.

TIP

- 개월 수가 적은 아이는 마늘의 양을 줄여도 좋아요.
- 에어프라이어가 없다면 팬에 구워주세요.

맛밤

"

그냥 먹어도 맛있는 밤이지만 아이가 먹기에는
뻑뻑할 수 있어 부드럽고 달콤하게 졸여 만든 밤조림입니다.
조리법도 간단하고 시판용 맛밤보다 더 부드러워서
시은이에게 자주 만들어줬던 간식입니다.
이제 집에서 엄마표 맛밤을 만들어주세요.

재료 4회분

□ 밤 200g(20개) □ 물 600ml □ 통깨

양념 ■ 아기간장 2티스푼 ■ 올리고당 2티스푼

1. 밤의 껍질을 벗겨주세요.

2. 물 600ml를 부어 약 20분간 삶아주세요.

3. 분량의 양념을 넣어 약 20분간 졸여주세요.

4. 가스 불을 끄고 통깨를 뿌려주세요.

TIP

- 깐 밤을 구매해서 만들었어요. 냉동 밤을 이용해서 만들어도 좋아요.
- 간장과 올리고당을 더 넣어 만들면 더 달콤한 맛을 느낄 수 있어요.

매쉬드포테이토

"
패밀리레스토랑에서 흔히 볼 수 있는 감자샐러드입니다.
집에서 패밀리레스토랑 기분을 내고 싶을 때 자주 만들어
먹던 메뉴예요. 감자를 으깨 만들어서 아이가 먹기에
부드러워요. 간단하게 아침을 먹을 때 빵과 함께
매쉬드포테이토를 곁들여줘도 정말 좋답니다.

재료 3회분

☐ 감자 120g ☐ 우유 30ml ☐ 무염버터 5g ☐ 아기치즈 1장 ☐ 아기소금 1꼬집
☐ 파슬리가루(선택)

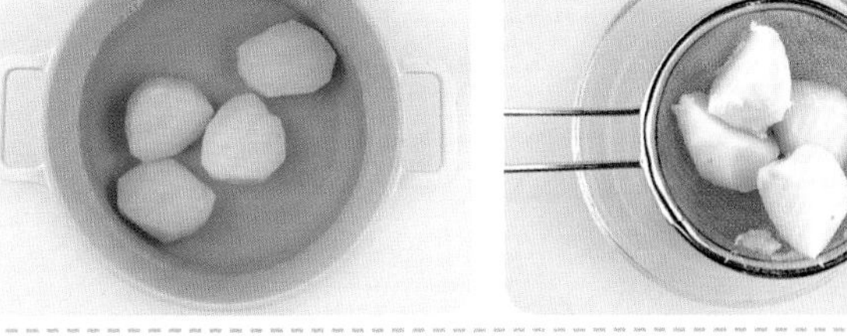

1. 감자를 큼지막하게 썰어주세요.

2. 감자를 약 10분간 삶아주세요.

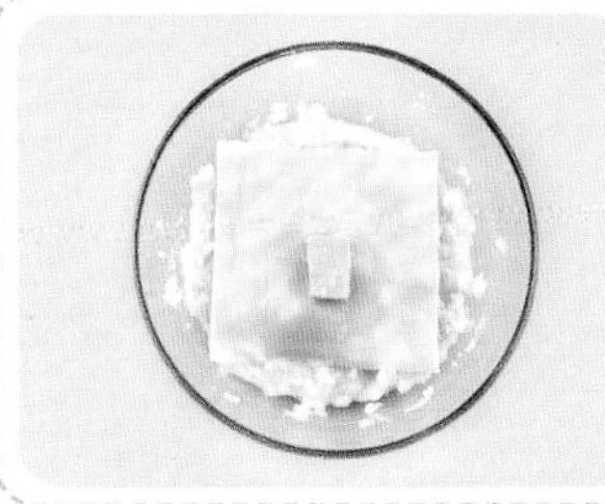

3. 뜨거운 상태에서 매셔나 포크를 이용해 감자를 으깨주세요.

4. 우유 30ml와 무염버터 5g, 아기치즈를 섞고 아기소금 1꼬집을 넣어 간을 맞춰주세요. 완성된 후 파슬리가루를 뿌려주세요.

TIP

- 버터를 사용하기 전인 두 돌 전에는 버터를 생략해서 만들었어요. 버터는 생략해도 좋아요.
- 간이 부족하다면 소금을 추가해주세요.

베이컨크림떡볶이

"빨간 국물의 떡볶이를 아직 먹지 못하는 아이를 위해 크림떡볶이를 만들었어요. 우유와 치즈만으로도 크림떡볶이를 만들 수 있어 시은이에게 자주 만들어줬던 메뉴입니다. 베이컨을 넣으면 더욱 깊은 맛을 느낄 수 있어요.

□ 떡 80g(10개) □ 양파 30g □ 베이컨 40g(2줄) □ 우유 200ml □ 아기치즈 1장
□ 파슬리가루(선택)

1. 떡은 약 30분간 물에 불리고 양파는 채썰어주세요. 베이컨은 끓는 물에 10초간 데쳐 물기를 뺀 후 먹기 좋게 썰어주세요.

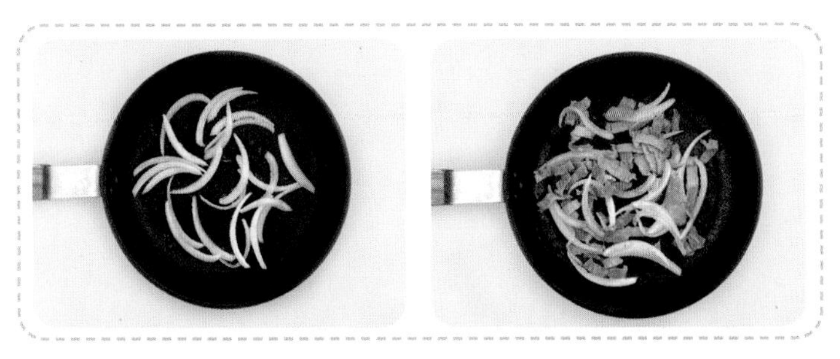

2. 팬에 기름을 둘러 약 1분간 양파를 볶다가 약 1분간 베이컨을 볶아주세요.

3. 우유 200ml와 떡을 넣어 약 3분간 끓여주세요.

4. 아기치즈를 넣고 녹여주세요.

TIP

- 베이컨이 간이 되어 있어 따로 간을 하지 않아도 맛있어요. 베이컨은 물에 살짝 데친 후에 조리해주세요.
- 떡국 떡이나 조랭이 떡으로 만들어도 좋아요.

시금치프리타타

"프리타타는 이탈리아식 오믈렛입니다. 이름이 생소할 수는 있지만 조리법은 간단해요. 시금치를 먹이기 쉬워서 자주 만들어줬었어요. 빨강, 노랑, 초록 색감도 예뻐서 아이가 더 좋아할 시금치프리타타예요.

재료
1회분

□ 시금치 20g □ 양파 30g □ 계란 1개 □ 아기소금 1꼬집 □ 우유 20ml □ 방울토마토 1개

1. 시금치와 양파는 먹기 좋게 썰고 방울토마토는 반으로 썰고 계란 1개는 풀어주세요.

2. 팬에 기름을 둘러 양파를 약 1분간 볶다가 시금치를 넣어 약 1분간 볶아주세요.

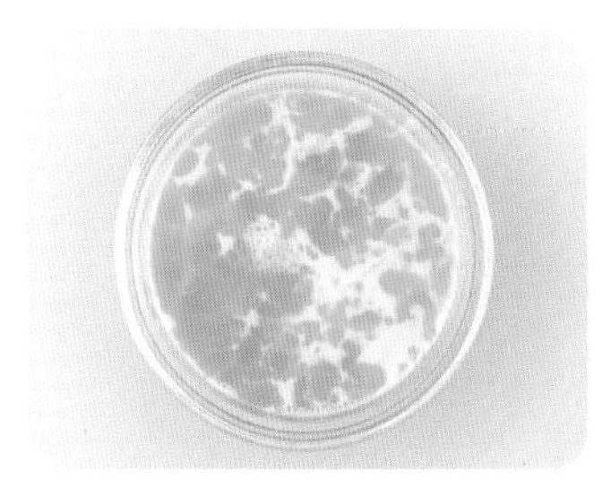

3. 계란물에 우유 20ml와 아기소금 1꼬집을 섞어주세요.

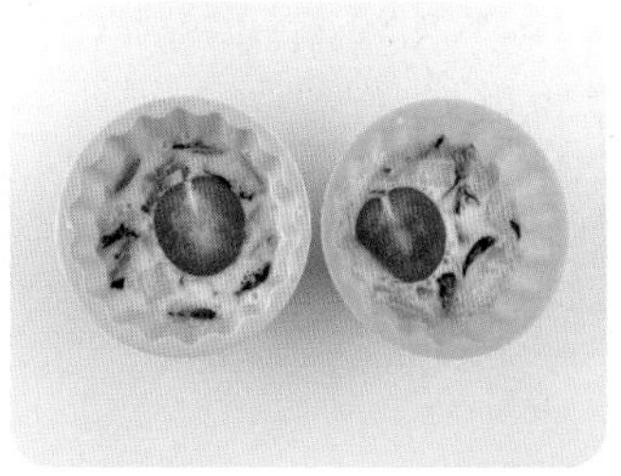

4. 유리나 실리콘 용기에 계란물을 붓고 시금치와 양파, 방울토마토를 넣어주세요.

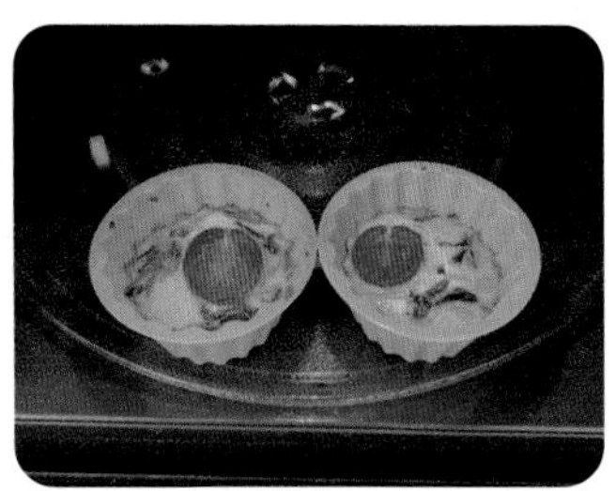

5. 오븐을 180도로 예열한 후 15분간 돌려주세요.

TIP

오븐이 없다면 에어프라이어를 이용하거나 시금치와 양파를 볶은 상태에서 팬에 계란물을 붓고 토마토를 올려 구워도 좋아요.

오코노미야키

"일본식 양배추전입니다. 딱딱한 식감의 양배추를 채썰어 전으로 만들면 아이가 먹기에 부드럽고 맛있답니다. 다양한 해물을 추가해도 되지만 양배추와 양파만 넣어서 만들어도 맛있어요.

☐ 양배추 30g ☐ 양파 20g ☐ 베이컨 20g(1줄) ☐ 새우 10g(1마리) ☐ 계란 1/2개
☐ 부침가루 3큰술가락 ☐ 파슬리가루(선택)

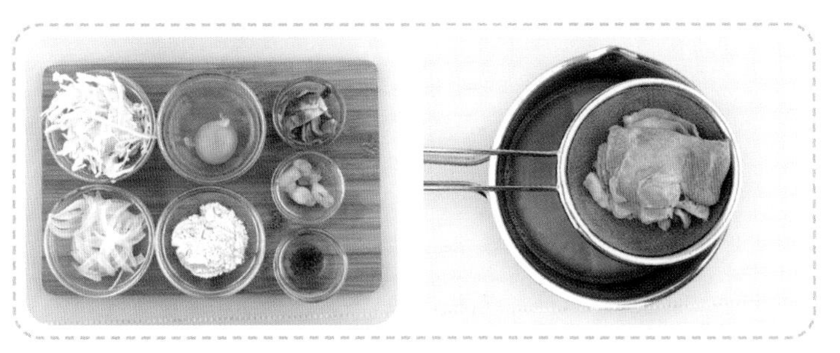

1. 양파와 양배추는 채칼을 이용하여 채썰어주세요. 새우는 먹기 좋게 썰어주세요. 베이컨은 끓는 물에 10초간 데쳐 물기를 뺀 후, 먹기 좋게 썰어주세요.

2. 부침가루 3큰술가락, 계란, 베이컨, 양파, 양배추, 새우를 볼에 담고 잘 섞어주세요.

3. 팬에 기름을 둘러 반죽을 올리고 노릇하게 부쳐주세요.

TIP

어른용은 소금, 후추를 추가하고 마요네즈와 돈가스 소스를 뿌린 후 가쓰오부시를 올려서 먹으면 정말 맛있어요. 오징어 등 다른 해산물을 추가해서 만들어도 좋아요.

옥수수계란모닝빵

"아이들이 자주 먹는 모닝빵을 활용해서 옥수수계란빵을 만들었어요. 재료를 모닝빵 속에 담아 전자레인지에서 돌리면 완성되는 초간단 레시피입니다. 간식이나 아침 대용으로 추천드리는 메뉴입니다.

재료 2개분

□ 모닝빵 2개 □ 스위트콘(혹은 옥수수알) 20g □ 계란 1개 □ 아기치즈 1장
□ 마요네즈 2티스푼 □ 파슬리가루(선택)

1. 모닝빵은 속을 파내고 옥수수는 물기를 빼주세요.

2. 빵 안쪽을 꾹꾹 눌러 정리한 후 마요네즈를 펴발라 주세요.

3. 아기치즈를 4등분하여 2개씩 포개 넣어 주세요.

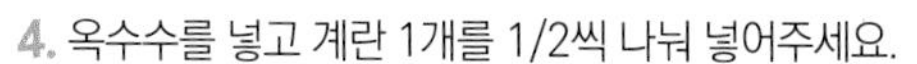

4. 옥수수를 넣고 계란 1개를 1/2씩 나눠 넣어주세요.

5. 전자레인지에 약 2분간 돌려주세요. 완성 후 옥수수를 더 올리고 파슬리가루를 뿌려주세요.

TIP

캔 옥수수 사용 시에는 체에 밭쳐 물기를 제거한 후에 조리해주세요.

옥수수튀김

"옥수수를 한 알씩 먹어도 맛있지만 뭉쳐서 튀기면
더 맛있어요. 겉은 바삭하고 속은 톡톡 터지는 옥수수의
식감이 정말 재미있어요. 겉바속톡의 옥수수튀김!
아이들에게 인기만점 간식입니다.

☐ 스위트콘(혹은 옥수수알) 50g ☐ 튀김가루 3큰숟가락 ☐ 물 25ml ☐ 당근 10g
☐ 파슬리가루(선택)

1. 당근을 잘게 다지고 옥수수는 물기를 빼주세요.

2. 볼에 옥수수와 당근을 담고 튀김가루 3큰숟가락과 물 25ml를 넣어 섞어주세요.

3. 팬에 기름을 넉넉하게 붓고 예열 후 옥수수를 5~6알씩 쌓아올리듯 동그랗게 뭉쳐 튀겨주세요. 튀긴 후 먹기 전에 파슬리가루를 뿌려주세요.

TIP

캔 옥수수 사용 시에는 체에 밭쳐 물기를 제거한 후에 조리해주세요.

치킨너깃

"
시판용 치킨너깃은 아이가 먹기에 딱딱하고
맛이 자극적이어서 직접 만들었어요. 닭가슴살을
차퍼로 갈아서 부드럽고 맛있는 엄마표 치킨너깃을
만들어보세요.

재료 2회분

☐ 닭가슴살 100g ☐ 부침가루 ☐ 빵가루 ☐ 계란 1개 ☐ 우유(닭 재우기용)

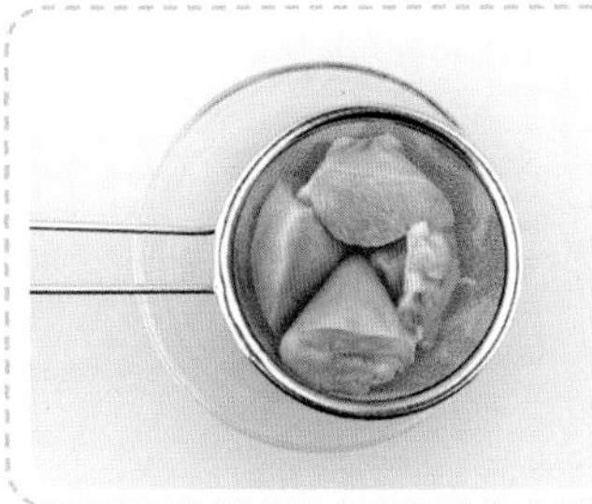

1. 계란 1개는 풀어주고 닭가슴살은 약 20분간 우유에 재워주세요.

2. 우유에 재운 닭은 깨끗하게 씻고 체에 밭쳐 물기를 빼주세요. 칼이나 차퍼로 닭가슴살을 갈고 힘줄은 제거해주세요.

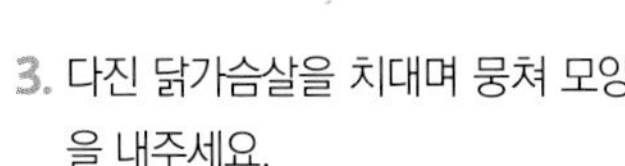

3. 다진 닭가슴살을 치대며 뭉쳐 모양을 내주세요.

4. 부침가루-계란물-빵가루 순서대로 튀김옷을 입혀주세요.

5. 팬에 기름을 넉넉하게 붓고 예열 후 노릇노릇하게 튀겨주세요.

TIP

- 차퍼가 없다면 칼로 잘게 다져주세요. 잘게 다지면 힘줄이 분리됩니다. 힘줄은 제거해주세요.
- 부침가루가 들어가 따로 간을 하지 않았어요. 아이가 먹기에는 적당히 맛있을 간이지만 간이 부족하다면 소금을 조금 넣어주세요.
- 닭다리살로 만들어도 좋아요.

콘치즈

"
옥수수와 치즈의 조합, 콘치즈는
아이가 정말 정말 좋아하는 메뉴입니다.
거기에 양파를 볶아 넣어서 더 맛있어요. 콘치즈를
만들어주면 "리필"을 계속 외치는 아이의 모습을
볼지도 몰라요.

재료 1회분

□ 스위트콘(혹은 옥수수알) 60g □ 양파 30g □ 우유 20ml □ 아기치즈 1장
□ 파슬리가루(선택)

1. 스위트콘은 물기를 제거하고 양파는 잘게 썰어주세요.

2. 팬에 기름을 두르고 양파가 투명해질 때까지 약 1분간 볶아주세요.

3. 스위트콘을 넣어 약 1분간 같이 볶아주세요.

4. 우유 20ml를 부어 약불에서 끓여주세요.

5. 가스 불을 끄고 아기치즈를 올린 다음 버무려가며 치즈를 녹여주세요. 먹기 전 파슬리가루를 뿌려주세요.

TIP

초당옥수수가 나오는 계절에는 직접 옥수수를 쪄서 만들어도 좋아요.

크림새우 BEST

"크림새우를 집에서 만들 수 있을까 싶지만
너무나도 쉽고 간단하게 만들 수 있어요. 인스타그램에
소개했을 때 뜨거운 반응과 많은 완밥 후기가 있었던
메뉴입니다. 반찬으로도 좋고 묽게 졸여 크림새우소스로
활용해도 좋아요.

☐ 브로콜리 30g ☐ 양파 20g ☐ 새우 60g(6마리) ☐ 물 50ml ☐ 우유 100ml
☐ 아기치즈 1장

1. 브로콜리와 양파는 먹기 좋게 썰어 주세요.
2. 팬에 기름을 둘러 양파와 브로콜리를 약 2분간 볶아주세요.
3. 새우를 넣어 약 1분간 볶다가 물 50ml를 부어 약 1분간 끓여주세요.

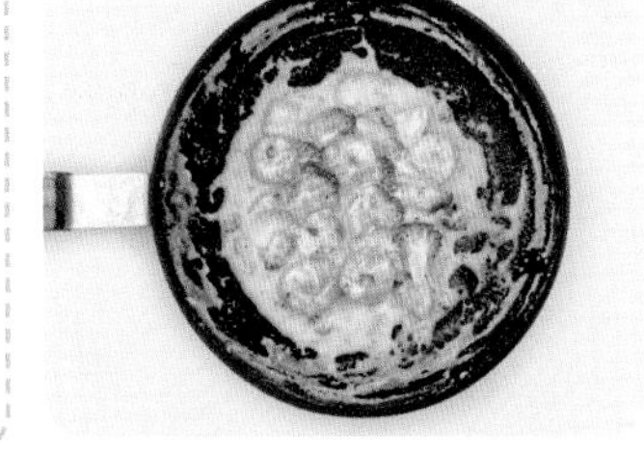

4. 우유 100ml를 부어 끓이다가 우유가 끓어오르면 아기치즈를 넣고 녹여주세요.
5. 소스가 1/3 남을 때까지 약 3분간 졸여주세요.

TIP

졸이기 전 단계에서 밥이나 스파게티 면을 넣으면 크림새우리소토, 크림새우스파게티를 만들 수 있어요. 오므라이스에 곁들여도 잘 어울려요. 크림소스를 다양한 요리의 소스로 활용해보세요.

팝콘치킨 BEST

"

집에서 치킨을 만들기는 생각보다 어렵지 않아요.
팝콘 크기로 만들면 아이가 한 손으로 집어 한입에 먹기에도 좋아요. 시은이를 주려고 만들면서 시식용으로 집어먹다가 너무 맛있어서 어른용으로도 더 만들었을 정도로 정말 맛있답니다. 넉넉하게 만들어 온 가족이 팝콘치킨을 맛보세요.

□ 닭다리살 100g(약 20조각) □ 우유(닭 재우기용) □ 부침가루 2큰술가락
□ 전분가루 2큰술가락 □ 물 15ml □ 계란 1개 □ 카레가루 2꼬집 □ 빵가루

1. 계란은 풀어주세요. 닭다리살은 껍질을 제거한 후 잘게 잘라 우유에 20분간 재운 후 우유는 씻어내고 체에 밭쳐 물기를 제거해주세요.

2. 부침가루, 전분가루, 물, 카레가루, 계란물을 섞어 반죽물을 만든 다음, 반죽물-빵가루 순서대로 튀김옷을 입혀주세요.

3. 팬에 기름을 자작하게 붓고 예열 후 노릇노릇하게 튀겨주세요.

TIP

• 닭다리살 외에 닭 안심이나 닭가슴살을 이용해도 좋아요. 튀김옷을 입히면 부피가 커지니 감안하여 고기를 더 작게 잘라주세요. 닭고기는 껍질을 제거했어요. 힘줄이나 껍질 제거는 선택사항입니다.

허니버터갈릭치킨떡강정

"
허니버터갈릭소스가 한때 유행했을 때를
떠올려 만든 메뉴예요.
시은이가 매운 걸 전혀 못 먹어서
다진 마늘을 생략할까도 싶었지만
매운 내색 하나 없이 잘 먹어서 놀랐던
기억이 나는 메뉴예요. 떡도 넣어 같이 볶았는데
허니버터갈릭소스는 떡과도 찰떡이랍니다.

☐ 닭다리살 40g ☐ 우유(닭 재우기용) ☐ 떡 25g(3개) ☐ 통깨

양념 ■ 다진 마늘 2g ■ 꿀(혹은 올리고당) 5g ■ 무염버터 5g

1. 닭다리살은 껍질을 제거하고 먹기 좋게 썰어 우유에 약 20분간 재워주세요. 떡은 약 30분간 물에 불려주세요. 마늘은 다지고 무염버터는 전자레인지에 돌려 완전히 녹여주세요.

2. 우유를 씻어내고 체에 밭쳐 물기를 뺀 후 기름을 둘러 닭다리살을 약 1분간 볶아주세요.

3. 떡을 넣어 약 2분간 볶아주세요.

4. 분량의 양념을 섞은 다음 팬에 부어 약 2분간 재료와 볶아주세요. 가스 불을 끄고 통깨를 뿌려주세요.

TIP

- 떡이 충분히 불려지지 않았다면 떡을 볶을 때 물을 조금 부어 볶아주세요. 소스가 탈 수 있으니 센 불에 오래 볶지 않아요.
- 꿀 사용이 조심스러운 개월 수의 아이들은 꿀 대신 올리고당을 넣어주세요.

한 그릇 요리

매일 먹는 밥과 반찬이 지겨울 때 만들어주면 좋은 요리들이에요.
면 요리나 주먹밥 등 조금은 특별하면서 간단하게 만들 수 있는
한 그릇 요리예요.

간장비빔국수

"아이가 입맛이 없을 때나 밥에 흥미가 적을 때
말아서 호로록 먹이기 좋은 간장비빔국수를 소개합니다.
일반적인 매콤한 양념의 국수와 달리 달콤하고 짭조름한
간장 베이스의 양념이 국수와 잘 어울려요. 국물이 있는
일반 국수보다 아이가 스스로 떠먹기에도 좋아요.

□ 소면 적당량 □ 당근 15g □ 애호박 15g

양념 ■ 물 20ml ■ 아기간장 2티스푼 ■ 설탕 1티스푼 ■ 참기름 조금 ■ 통깨

1. 당근과 애호박을 채썰어주세요.

2. 물이 끓으면 소면을 넣어 약 2분간 끓이다가 당근과 애호박을 넣어 약 1분간 더 끓여주세요.

3. 면과 야채를 건져내 찬물에 헹군 후 체에 밭쳐 물기를 제거해주세요.

4. 분량의 양념을 섞어 양념장을 만들어주세요.

5. 볼에 소면과 양념장을 넣어 버무려주세요.

TIP

- 국수 계량법은 23p를 참고하세요.
- 아이가 먹기 편하게 면을 잘게 잘라주세요. 당근은 딱딱할 수 있으니 애호박보다 얇게 채써는 게 좋아요.

김국수

"

김을 좋아하는 아이들이 많지요. 시은이도 그중
한 명입니다. 김을 양껏 넣은 김국에 국수를 말아봤어요.
김의 고소함을 담은 국물이 소면과 잘 어울려요.
시은이가 국물도 남기지 않고 잘 먹었던 메뉴예요.

재료 1회분

□ 소면 적당량 □ 구운 김 2g(1장) □ 멸치다시마 육수 200ml □ 계란 1개 □ 오이 10g □ 소고기 다짐육 10g □ 통깨

양념 ■ 아기간장 1.5티스푼 ■ 참기름 조금

1. 소고기 다짐육은 키친타월로 핏물을 제거하고 오이는 채썰어주세요. 계란 1개는 풀고 구운 김은 잘게 부숴주세요.

2. 소면을 약 3분간 삶아 건져낸 뒤 찬물로 헹구고 체에 밭쳐 물기를 빼주세요.

3. 팬에 기름을 둘러 소고기 다짐육을 볶아주세요.

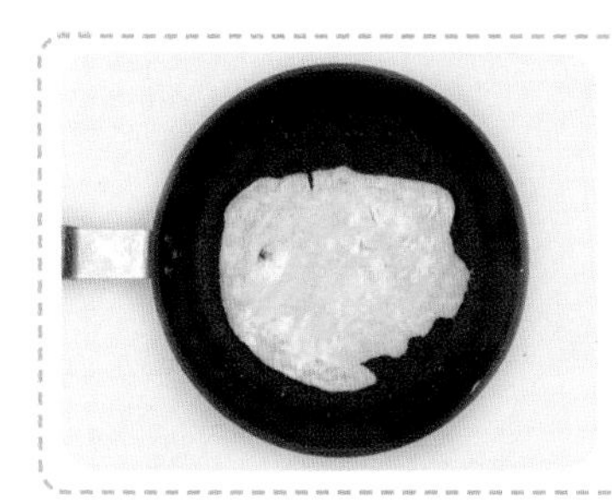

4. 팬을 닦고 기름을 둘러 계란 지단을 부쳐 채썰어주세요.

5. 멸치다시마 육수를 약 5분간 끓여주세요.

6. 멸치, 다시마를 건져내고 김과 분량의 양념을 넣어 약 3분간 끓여주세요.

7. 그릇에 면을 담고 육수를 붓고 고명을 올려주세요. 통깨를 뿌려주세요.

TIP

- 국수 계량법은 23p를 참고하세요.
- 고명은 집에 있는 재료를 활용해 자유롭게 올려주세요.

꽃묵밥

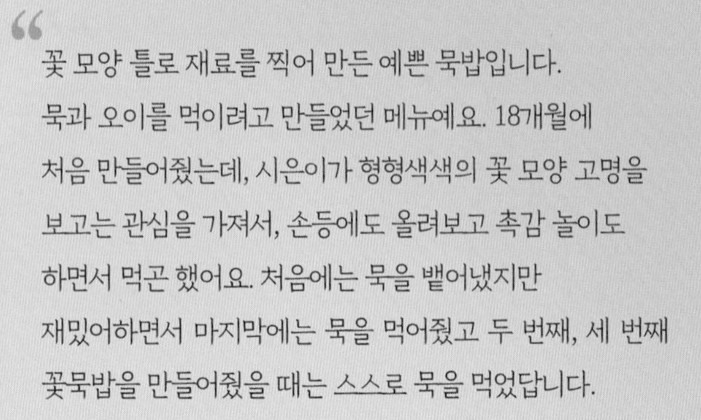

"꽃 모양 틀로 재료를 찍어 만든 예쁜 묵밥입니다.
묵과 오이를 먹이려고 만들었던 메뉴예요. 18개월에
처음 만들어줬는데, 시은이가 형형색색의 꽃 모양 고명을
보고는 관심을 가져서, 손등에도 올려보고 촉감 놀이도
하면서 먹곤 했어요. 처음에는 묵을 뱉어냈지만
재밌어하면서 마지막에는 묵을 먹어줬고 두 번째, 세 번째
꽃묵밥을 만들어줬을 때는 스스로 묵을 먹었답니다.

재료 1회분

☐ 멸치다시마 육수 200ml ☐ 묵 30g ☐ 계란 1개 ☐ 오이 30g ☐ 구운 김 조금
☐ 밥 100g(한 주걱)

양념 ■ 아기간장 2티스푼 ■ 설탕 1티스푼 ■ 참기름 조금 ■ 통깨

1. 계란은 흰자와 노른자를 분리해주세요. 구운 김을 얇게 잘라 실김을 만들어주세요.

2. 멸치다시마 육수를 약 5분간 끓여주세요.

3. 계란 흰자와 노른자를 나눠 지단을 부쳐주세요.

4. 묵은 약 1분 30초간 데친 후 체에 밭쳐 물기를 빼주세요.

5. 꽃 모양 틀로 오이, 묵, 계란 흰자와 노른자를 꽃 모양 고명으로 만들어주세요.

6. 볼에 밥을 담고 멸치다시마 육수를 붓고 꽃 고명과 실김을 올려주세요. 분량의 양념을 섞은 후 육수에 넣어 간을 맞춰주세요.

TIP

- 양념장을 만든 후 한 번에 넣지 말고 1티스푼씩 넣어서 간을 맞춰주세요.
- 모양 틀이 없다면 먹기 좋은 크기로 썰어 묵밥을 만들어주세요.

두부주먹밥

"두부의 고소함을 담은 주먹밥입니다. 시은이가 어렸을 때는 두부를 좋아하지 않아서 어떻게 하면 두부를 먹일 수 있을까 고민하다가 만든 메뉴입니다. 두부를 잘게 으깨서 다른 야채들과 섞어 영양 만점 주먹밥을 만들어보세요.

☐ 두부 30g ☐ 당근 5g ☐ 애호박 5g ☐ 양파 5g ☐ 밥 100g(한 주걱)
☐ 아기간장 1티스푼 ☐ 참기름 조금

1. 두부는 면보나 키친타월을 이용해 물기를 완전히 제거한 후 잘게 으깨주세요. 당근, 양파, 애호박은 아주 잘게 다져주세요.

2. 팬에 기름을 둘러 다진 야채를 약 1분간 볶아주세요.

3. 으깬 두부를 넣어 약 1분간 더 볶아주세요.

4. 볼에 밥, 볶은 재료, 아기간장 1티스푼, 참기름을 넣고 섞어주세요. 먹기 좋은 크기로 뭉쳐 주먹밥을 만들어주세요.

TIP

두부는 물기를 최대한 제거해주세요. 야채와 두부는 잘게 다져주세요.

멸치마요주먹밥

"
촉촉한 멸치볶음에 마요네즈를 섞어 주먹밥을 만들어보세요.
멸치볶음을 만들면 나중에는 꼭 냉장고에 조금씩 남는데
남은 멸치볶음 처리용으로도 좋은 메뉴예요.
달고 짭조름한 멸치볶음과 마요네즈가 만나면 정말 맛있어요.

□ 멸치볶음 15g □ 마요네즈 2티스푼 □ 밥 100g(한 주걱) □ 구운 김 2g(1장)

멸치볶음 재료 ■ 잔멸치 50g ■ 물 30ml ■ 아기간장 1티스푼 ■ 올리고당 2티스푼 ■ 통깨

1. 구운 김을 잘게 부숴주세요.

2. 마른 팬에 멸치를 약 30초간 볶은 후 체에 밭쳐 찌꺼기를 걸러주세요.

3. 팬에 기름을 두르고 멸치를 약 1분간 볶다가 물 30ml, 아기간장 1티스푼을 넣어 약 1분 30초간 볶다가 올리고당 2티스푼을 넣어 버무려주세요.

4. 가스 불을 끄고 통깨를 뿌려주세요.

5. 볼에 밥, 멸치볶음, 김가루, 마요네즈 2티스푼을 넣어 잘 섞어주세요.

6. 먹기 좋은 크기로 동글동글 뭉쳐주세요.

- 개월 수가 적은 아이들은 멸치볶음을 더 잘게 잘라서 만들어주세요.
- 멸치를 물에 담가두면 짠기를 뺄 수 있어요. 만약 물에 담가둔다면 물기를 제거한 후 조리해주세요.

밥도그

“

밥태기(아이가 밥을 안 먹는 시기) 아이에게 추천하는 메뉴입니다. 엄마표 떡갈비를 속에 넣어 건강한 밥도그를 만들어보세요. 저는 시은이 19개월에 처음 밥도그를 만들어줬는데요, 알려주지도 않았는데 손에 쥐고 밥도그를 먹던 시은이의 모습이 생각이 나네요. 케첩을 뿌려주지 않아도 맛있게 먹을 수 있어요.

□ 떡갈비 40g □ 당근 10g □ 애호박 10g □ 양파 10g □ 밥 100g(한 주걱)
□ 계란 1개 □ 밀가루 □ 빵가루 □ 아기간장 0.5티스푼

1. 당근, 애호박, 양파는 잘게 다지고 계란 1개는 풀어주세요.

2. 팬에 소량의 기름을 둘러 야채를 약 1분간 볶아주세요.

3. 볶은 야채, 밥을 볼에 담고 아기간장 0.5티스푼을 넣어 잘 섞어주세요.

4. 떡갈비를 소분하여 소시지 모양으로 만든 후에 꼬치에 꽂아주세요.

5. 밥을 약 30g씩 소분하여 동그랗게 만들어주세요. 그 다음 납작하게 눌러 떡갈비꼬치를 올린 후 밥으로 감싸주세요.

6. 밀가루-계란물-빵가루 순으로 튀김옷을 입혀주세요.

7. 팬에 기름을 넉넉하게 붓고 예열 후 밥도그를 굴려가며 튀겨주세요.

TIP

- 떡갈비 만드는 법은 208p를 참고하세요.
- 소시지 대신 떡갈비를 넣어 만들었어요. 소시지를 섭취하는 연령의 아이들은 소시지를 넣어 만들어도 좋아요.
- 밥을 꾹꾹 눌러 만들어야 튀길 때 모양이 흐트러지지 않아요. 차진 밥으로 만들어야 좋아요.

볶음우동

BEST

“
쫄깃한 우동 면과 냉장고에 있는 자투리 야채들을 볶아 만들 수 있는
우동요리입니다. 우동 면이 두꺼워 못 먹을까 싶어
시은이 19개월에 처음으로 우동 요리를 만들어줬어요.
잘게 잘라줬더니 소면보다도 더 좋아하며 잘 먹었던
기억이 나요. 우동 면과 함께 야채들을 맛있게 먹이기 좋은 메뉴예요.

□ 양파 10g □ 당근 10g □ 대파 3g □ 청경채 10g □ 느타리버섯 10g
□ 새우 40g(4마리) □ 우동 면 100g(1/2봉) □ 통깨

양념 ■ 물 20ml ■ 굴소스 0.5티스푼 ■ 아기간장 1티스푼 ■ 올리고당 0.5티스푼
■ 참기름 조금

1. 양파, 당근은 채썰고 느타리버섯은 밑동을 제거한 후 가닥을 분리해주세요. 청경채는 먹기 좋게 썰고 대파는 송송 썰어주세요.

2. 우동 면을 끓는 물에 약 1분 30초간 삶아 흐르는 물에 헹군 후 체에 밭쳐 물기를 빼주세요.

3. 팬에 기름을 둘러 대파와 양파를 약 1분간 볶다가 양파가 투명해지면 당근과 느타리버섯을 넣어 약 1분간 볶아주세요.

4. 당근이 익으면 새우와 청경채를 넣어 약 1분간 볶아주세요.

5. 우동 면과 분량의 양념을 넣어 약 2분간 볶아주세요. 가스 불을 끄고 통깨를 뿌려주세요.

TIP

- 굴소스는 생략하고 아기간장과 올리고당, 참기름만으로 간을 해도 맛있어요.
- 우동 면을 처음 접한다면 면을 잘게 잘라주세요.

순두부국수

"

일반 두부와는 또 다른 느낌의 순두부는 식감이 부드러워 아이가 먹기에 부담스럽지 않아요. 부드럽고 고소한 순두부와 소면의 만남, 소면과 순두부가 부드러워서 후루룩 먹이기에 좋은 메뉴입니다.

□ 멸치다시마 육수 200ml □ 순두부 80g □ 계란 1개 □ 대파 3g □ 구운 김 조금
□ 소면 적당량

양념 ■ 아기간장 1.5티스푼 ■ 참기름 0.5티스푼 ■ 통깨

1. 대파는 송송 썰고 구운 김은 얇게 잘라 실김을 만들고 계란 1개는 풀어주세요.

2. 소면을 약 3분간 삶아 건져낸 뒤 찬물로 헹구고 체에 밭쳐 물기를 빼주세요.

3. 멸치다시마 육수를 약 5분간 끓여주세요.

4. 멸치, 다시마를 건져낸 후 순두부를 넣어 약 3분간 끓여주세요.

5. 계란물을 부어 약 1분간 그대로 끓여주세요.

6. 대파를 넣어 약 2분간 끓여주세요.

7. 그릇에 소면을 담고 순두부 육수를 붓고 김 고명을 올려주세요. 분량의 양념을 섞어서 육수에 넣어 간을 맞춰주세요.

TIP

- 양념장을 만든 후 한 번에 넣지 말고 1티스푼씩 넣어서 간을 맞춰주세요.
- 국수 계량법은 23p를 참고하세요.

아란치니

“

아란치니는 볶음밥을 튀겨 만든 이탈리아 음식입니다.
집에서 홈파티를 할 때면 종종 만들던 음식을 아이용으로 만들었어요.
밥태기(아이가 밥을 안 먹는 시기)일 때 만들어주면 잘 먹는다는
후기가 많았던 메뉴입니다.

☐ 소고기 다짐육 30g ☐ 당근 10g ☐ 애호박 10g ☐ 양파 10g ☐ 밥 100g(한 주걱)
☐ 부침가루 ☐ 빵가루 ☐ 계란 1개 ☐ 파슬리가루(선택)

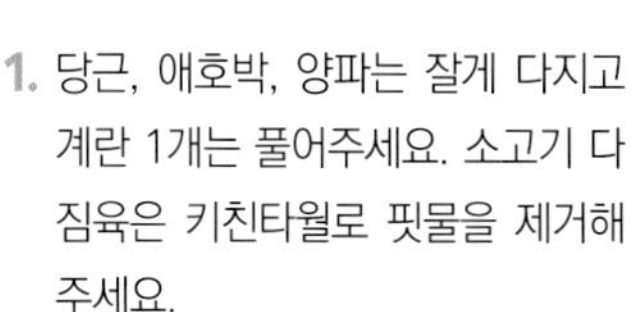

1. 당근, 애호박, 양파는 잘게 다지고 계란 1개는 풀어주세요. 소고기 다짐육은 키친타월로 핏물을 제거해 주세요.

2. 팬에 기름을 둘러 소고기 다짐육을 약 1분간 볶다가 야채를 넣어 약 1분간 볶아주세요.

3. 밥을 넣고 잘 섞으며 볶아주세요.

4. 볶음밥을 적당한 크기로 나눈 다음 꾹꾹 눌러 동그랗게 뭉쳐주세요.

5. 부침가루-계란물-빵가루 순으로 튀김옷을 입혀주세요.

6. 기름은 넉넉하게 붓고 예열 후 볶음밥을 굴리며 튀겨주세요.

TIP

- 튀김기가 있다면 튀김기에 튀겨주세요. 튀김기가 없다면 팬에 기름을 넉넉하게 붓고 빠르게 굴리며 튀겨야 동글동글한 모양이 나옵니다. 안에 치즈를 넣고 뭉쳐 튀기면 더 맛있어요.
- 부침가루가 들어가 따로 간은 하지 않았어요. 아이가 먹기에는 충분한 간이 됩니다.

오므라이스

"

볶음밥을 만든 다음 계란 지단으로 감싸 오므라이스로 만들어요.
우유를 섞은 계란 지단을 얇게 부쳐 아이가 먹기에 부드러워요.
엄마표 크림새우소스를 곁들이면 맛있는 한 그릇 특식이 됩니다.

□ 계란 1개 □ 우유 20ml □ 당근 10g □ 애호박 10g □ 양파 10g
□ 아기소금 1꼬집 □ 밥 100g(한 주걱)

1. 당근, 애호박, 양파는 잘게 다지고 계란 1개는 풀어주세요.

2. 팬에 기름을 둘러 당근, 애호박, 양파를 약 1분간 볶다가 밥을 넣고 잘 섞으며 볶아주세요.

3. 계란을 푼 물에 아기소금 1꼬집과 우유 20ml를 섞은 후 팬에 기름을 둘러 지단을 얇게 부쳐주세요.

4. 가스 불을 끈 상태로 볶음밥을 타원형으로 뭉쳐서 지단 위에 올려놓고 열기가 남아있는 상태에서 지단으로 볶음밥을 감싸주세요. 크림새우소스를 곁들이거나 케첩을 뿌려주세요.

TIP

- 계란 지단을 큰 팬에 얇게 부쳐주세요. 계란은 열기가 남아있을 때 밥을 감싸야 모양을 잡기에 쉬워요.
- 크림새우소스는 316p의 크림새우 만드는 레시피에서 우유를 덜 졸여 만들어주세요.

옥수수크림우동

“

시은이가 좋아하는 식재료 중 하나인 옥수수. 항상 구비하고 있는 식재료예요. 여기저기 넣다가 크림우동에도 넣어봤는데 정말 잘 어울렸어요. 어른들이 먹기에도 좋아 시은이 아빠와 저도 맛있게 먹었던 메뉴입니다.

☐ 스위트콘(혹은 옥수수알) 40g ☐ 양파 10g ☐ 당근 10g ☐ 우유 200ml
☐ 아기치즈 1장 ☐ 우동 면 100g ☐ 파슬리가루(선택)

1. 옥수수는 체에 밭쳐 물기를 빼고 양파와 당근은 채썰어주세요.

2. 우동 면을 끓는 물에 약 1분 30초간 삶아 흐르는 물에 헹군 후 체에 밭쳐 물기를 빼주세요.

3. 팬에 기름을 둘러 당근, 양파를 약 1분간 볶다가 옥수수와 우유 200ml를 넣어 2분간 끓여주세요.

4. 우유가 끓어오르면 아기치즈를 넣어 녹여주세요.

5. 면을 넣어 약 2분간 더 끓여주세요. 완성 후 그릇에 담고 파슬리가루를 뿌려주세요.

TIP

옥수수 철에는 초당옥수수를 직접 쪄서 만들었어요. 옥수수 철이 아닐 때는 캔 옥수수를 사용해도 좋아요.

우유들깨국수

"
고소한 들깨우유를 만들어 소면을 말아주세요.
들깨우유에 들기름을 넣어 더욱 고소한 우유들깨국수를
맛볼 수 있어요. 초간단 버전의 콩국수입니다.

☐ 우유 200ml ☐ 들깻가루 2티스푼 ☐ 소면 적당량 ☐ 당근 10g ☐ 계란 1개 ☐ 오이 10g
☐ 아기소금 2꼬집 ☐ 들기름 조금 ☐ 통깨

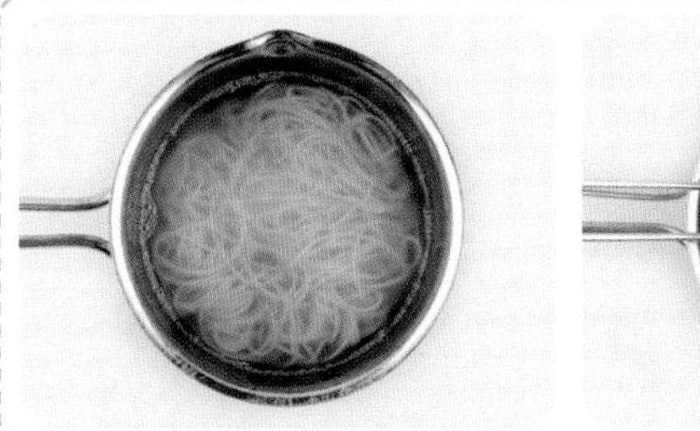

1. 당근과 오이는 채썰고 계란 1개는 풀어주세요.

2. 소면을 약 3분간 삶아 건져낸 뒤 찬물로 헹구고 체에 밭쳐 물기를 빼주세요.

3. 계란은 지단을 부쳐 채썰고 채썬 당근은 기름에 볶아주세요.

4. 냄비에 우유 200ml를 붓고 끓이다가 부르르 끓어오르면 들깻가루 2티스푼과 아기소금 2꼬집을 넣고 약 1분간 더 끓여주세요.

5. 그릇에 면을 담고 들깨우유를 붓고 고명을 올려주세요. 들기름과 통깨를 뿌려주세요.

TIP

- 국수 계량법은 23p를 참고하세요.
- 콩국수처럼 소금이나 설탕 등 입맛에 따라 간을 더해서 먹으면 더 맛있어요. 들기름이 없다면 참기름을 넣어주세요.

치킨도리아

"
도리스(Doris) 지방에서 유래한 도리아는 고기나 야채 등의 재료를 그라탱 접시에 담고 치즈와 빵가루를 뿌려 오븐에 구워서 먹는 요리입니다. 베사멜소스를 넣어 만드는 것이 일반적이나 아이용으로는 우유를 넣어 만들어주세요. 푹 퍼진 밥알의 리소토와는 또 다른 느낌의 메뉴입니다. 닭고기와 밥을 넣어 만든 그라탱이라고 생각하시면 됩니다.

☐ 닭다리살 40g ☐ 당근 10g ☐ 양파 20g ☐ 브로콜리 10g ☐ 우유 50ml
☐ 밥 100g(한 주걱) ☐ 아기치즈 1장 ☐ 파슬리가루(선택)

1. 닭다리살은 껍질을 제거하고 먹기 좋게 썰어주세요. 당근, 양파, 브로콜리는 먹기 좋게 썰어주세요.

2. 팬에 기름을 둘러 닭다리살을 약 1분간 볶다가 당근, 양파, 브로콜리를 넣어 약 2분간 더 볶아주세요.

3. 밥을 넣어 약 1분간 섞으며 볶다가 우유 50ml를 부어 30초간 잘 섞어주세요.

4. 오븐용 그릇에 밥을 담고 아기치즈를 올려주세요.

5. 오븐 180도 예열 후 10분에서 15분간 치즈가 노릇해질 때까지 구워주세요. 먹기 전에 파슬리가루를 뿌려주세요.

TIP

- 오븐이 없다면 치즈가 녹을 정도로만 전자레인지에 살짝 돌려주세요.
- 모차렐라 치즈를 올려 구우면 더 맛있어요.

크림카레우동

"입안 가득 카레 향이 은은하게 퍼지는 크림카레우동입니다.
인스타그램에서 후기가 좋았던 메뉴예요.
시은이는 카레를 좋아하지 않지만 크림카레우동은 맛있게 먹어요.
카레를 좋아하지 않는 아이에게도 추천하는 메뉴예요.

☐ 베이컨 40g(2줄) ☐ 느타리버섯 10g ☐ 브로콜리 10g ☐ 양파 20g ☐ 카레가루 1티스푼
☐ 우동 면 100g ☐ 아기치즈 1장 ☐ 우유 200ml

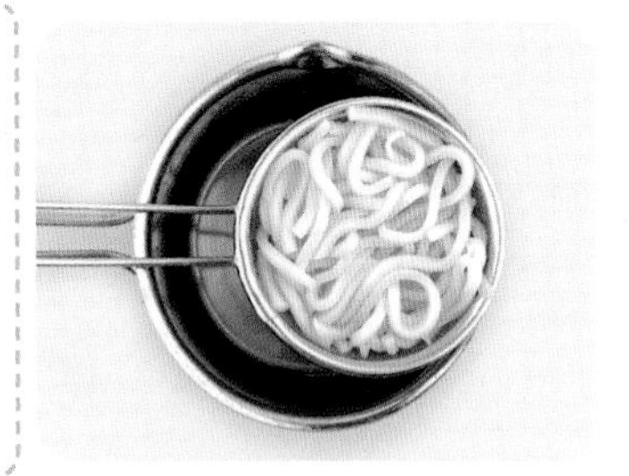

1. 양파는 채썰고 느타리버섯은 밑동을 제거하고 가닥을 분리해주세요. 브로콜리는 줄기를 제거하고 베이컨은 끓는 물에 10초간 데쳐 물기를 제거한 후 먹기 좋게 썰어주세요.

2. 우동 면을 끓는 물에 약 1분 30초간 삶아 흐르는 물에 헹군 후 체에 밭쳐 물기를 빼주세요.

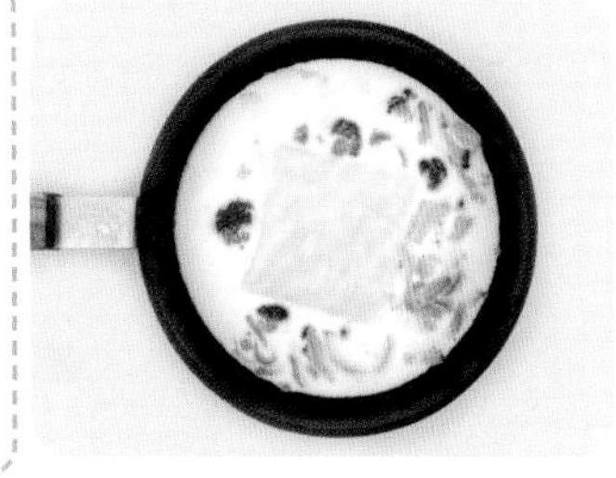

3. 팬에 기름을 둘러 양파를 약 1분간 볶다가 양파가 투명해지면 베이컨과 브로콜리, 느타리버섯을 넣어 약 2분간 같이 볶아주세요.

4. 우유 200ml를 부어 끓이다가 우유가 끓어오르면 아기치즈를 넣어 녹여주세요.

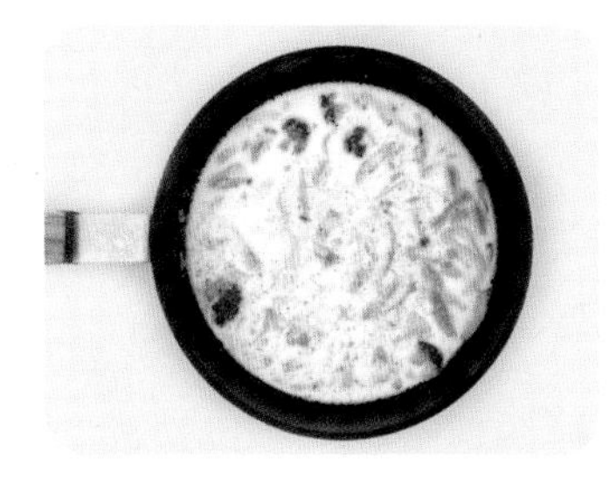

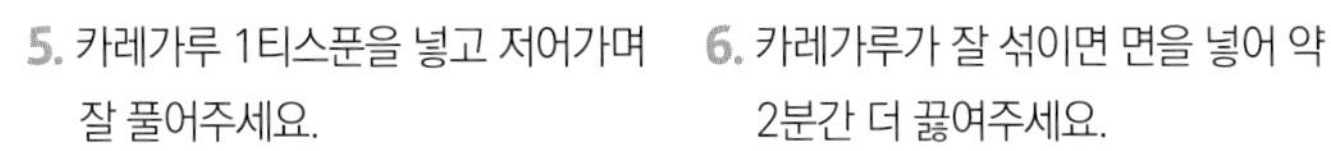

5. 카레가루 1티스푼을 넣고 저어가며 잘 풀어주세요.

6. 카레가루가 잘 섞이면 면을 넣어 약 2분간 더 끓여주세요.

TIP

우동 면을 처음 접한다면 면을 잘게 잘라주세요.

피자밥

"

간단하게 만들 수 있는 피자밥입니다. 소량의 케첩과
치즈가 만나면 피자 맛을 내기에 충분해요.
여러 재료를 넣었지만 모두 넣을 필요는 없어요.
집에 있는 재료들과 케첩, 아기치즈를 넣어 밥피자를 만들어보세요.
케첩을 싫어하는 아이도 맛있게 먹을 수 있어요.

□ 베이컨 20g(1줄) □ 스위트콘(혹은 옥수수알) 10g □ 양송이버섯 10g □ 양파 10g □ 케첩 1티스푼
□ 파프리카(빨강 5g, 노랑 5g) □ 아기치즈 1장 □ 밥 100g(한 주걱) □ 파슬리가루(선택)

1. 파프리카, 양파, 양송이버섯은 잘게 다지고 베이컨은 10초간 데쳐 먹기 좋게 썰어주세요. 옥수수는 물기를 빼서 준비해주세요.

2. 팬에 기름을 둘러 파프리카, 양파, 양송이버섯, 베이컨, 옥수수를 약 1분 30초간 볶아주세요.

3. 밥을 넣어 볶다가 가스 불을 끄고 케첩 1티스푼을 섞어주세요.

4. 실리콘 용기에 밥을 담고 아기치즈를 올리고 다시 밥을 담고 그 위에 아기치즈로 덮어주세요.

5. 오븐 180도 예열 후 약 10분간 구워주세요. 먹기 전에 파슬리가루를 뿌려주세요.

TIP

- 오븐이 없다면 치즈가 녹을 정도로만 전자레인지에 약 1분간 돌려주세요.
- 베이컨은 끓는 물에 10초간 데쳐 물기를 제거한 후 썰어주세요.
- 케첩은 소량만 넣었어요. 레시피보다 더 적게 넣어도 좋아요.

PART 6

스페셜 요리

어른들도 주말에는 기분이 좋아 외식을 하죠. 아이는 외식을 하기 힘드니
저는 금토일 중 최소 한 번은 특식 데이로 정해서 시은이에게
특식을 만들어줬었어요. 어린이날, 생일 등 특별한 날에 아이에게
특별한 추억을 만들어줄 수 있는 정성 가득한 엄마표 요리를 만들어주세요.
멋스럽고 맛도 좋아 아이에게 최고의 날을 선물할 수 있을 거예요.

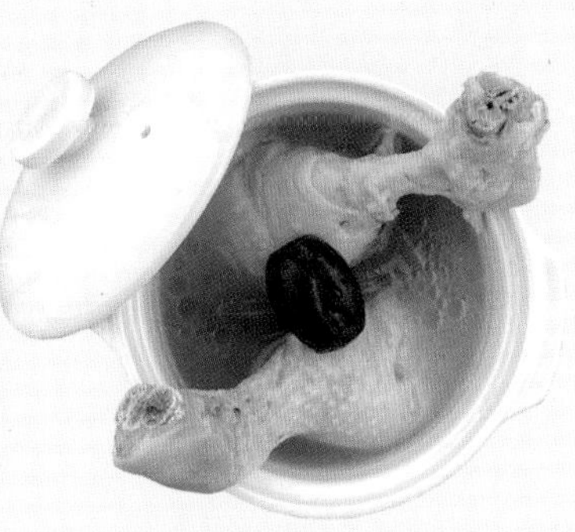

고등어케일쌈밥

"인스타그램에서 시은이의 쌈밥 먹는 영상을 보시고
놀란 분들이 많았어요. 저도 놀랐던 먹방이었어요.
만들면서 시은이가 과연 생소한 케일을 잘 먹을까
걱정도 들었었지만 정말 맛있게 먹어줬어요.
고등어와 마요네즈의 맛과 향이 케일과 잘 어우러지는 메뉴예요.

재료 1회분

☐ 케일 9장 ☐ 고등어 40g(1/5마리) ☐ 마요네즈 2티스푼 ☐ 밥 100g(한 주걱)
☐ 참기름 조금 ☐ 구운 김 2g(1장)

1. 케일은 굵은 줄기를 제거하고 김은 잘게 부숴주세요.

2. 케일을 약 1분 30초간 데쳐 흐르는 물에 헹군 후 물기를 제거해주세요.

3. 팬에 기름을 둘러 고등어를 노릇하게 구워주세요.

4. 볼에 밥, 김가루, 고등어, 마요네즈 2티스푼, 참기름을 넣어 잘 섞은 후 먹기 좋은 크기로 뭉쳐 주먹밥을 만들어주세요.

5. 케일을 깔고 그 위에 주먹밥을 올려요. 앞으로 한 번 말고 양옆을 안으로 접은 후 앞으로 돌돌 말아주세요.

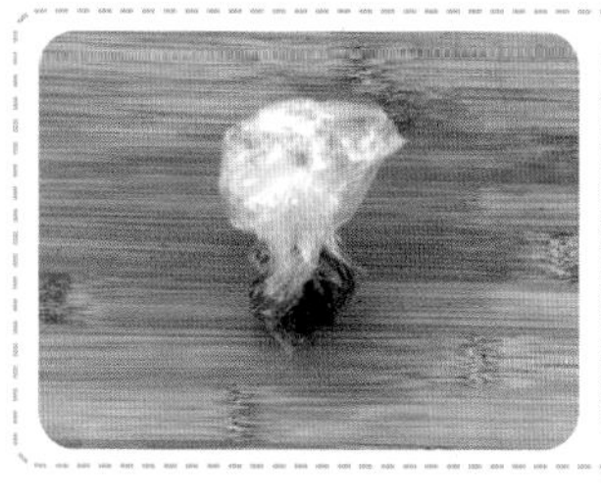
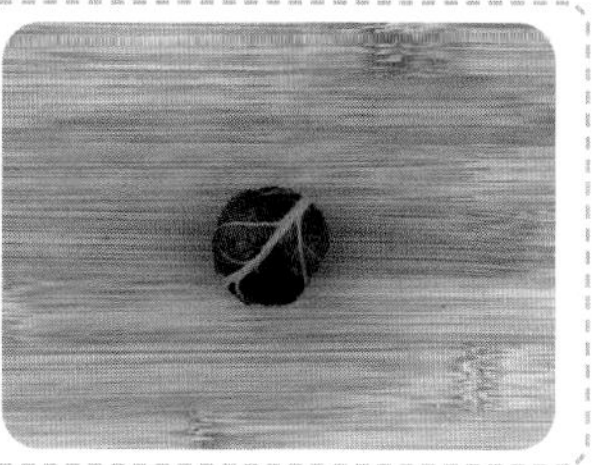

6. 밥과 케일이 밀착되도록 랩으로 감싸준 후 동그랗게 모양을 만들어주세요. 약 10분 후에 풀어 그릇에 담아주세요.

TIP

케일의 두꺼운 줄기 부분은 제거해서 만들어주세요. 아이가 어리다면 쌈밥을 만든 후 잘라서 먹여주세요.

스페셜 요리 02

닭다리백숙과 닭죽

"복날이나 아이가 기력이 없어 보일 때 등 우리 아이한테도 보양식을 만들어주고 싶을 때가 있어요. 닭 한 마리를 구매해서 백숙을 만들기에는 부담스러울 때 닭다리만으로 백숙을 끓여주세요. 닭다리만으로도 닭 육수가 진하게 우러나요. 여기에 양파, 대파, 마늘만 넣어서 끓여도 맛있어요.

재료 1회분

백숙 □ 닭다리 200g(2개) □ 우유(닭 재우기용) □ 대파 40g □ 마늘 15g(5개)
□ 양파 80g □ 대추 15g(3개) □ 물 800ml

닭죽 ■ 찹쌀 30g(불리기 전) ■ 당근 10g ■ 양파 10g ■ 애호박 10g ■ 닭다리살 30g
■ 닭 육수 300ml

1. 닭다리는 우유에 약 20분간 재워주세요. 대파와 양파는 크게 썰어주세요. 찹쌀은 물에 30분 이상 불리고 닭죽용 당근, 애호박, 양파는 잘게 다져주세요.

2. 냄비에 물을 붓고 닭다리와 대추, 양파, 통마늘, 대파를 넣어 약 40분간 끓이면 백숙은 완성이에요.

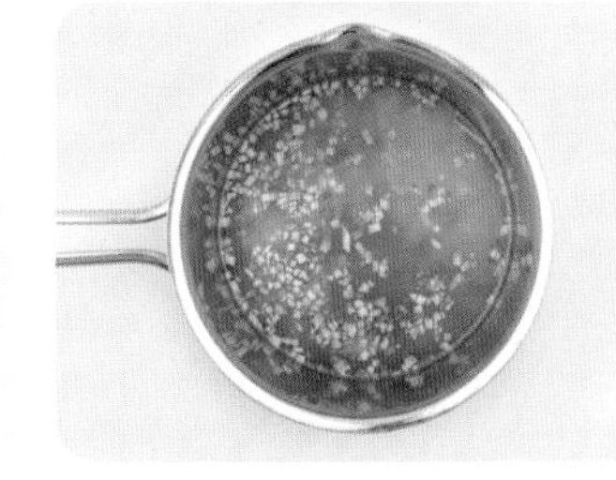

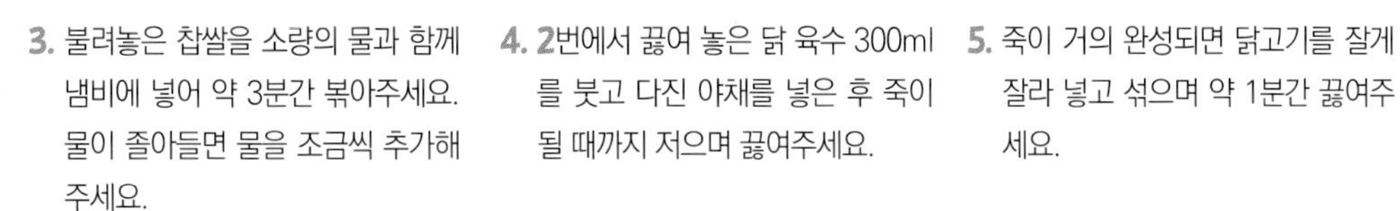

3. 불려놓은 찹쌀을 소량의 물과 함께 냄비에 넣어 약 3분간 볶아주세요. 물이 졸아들면 물을 조금씩 추가해 주세요.

4. 2번에서 끓여 놓은 닭 육수 300ml를 붓고 다진 야채를 넣은 후 죽이 될 때까지 저으며 끓여주세요.

5. 죽이 거의 완성되면 닭고기를 잘게 잘라 넣고 섞으며 약 1분간 끓여주세요.

TIP

- 2번 과정에서 거품을 걷어내며 끓여주세요.
- 닭죽은 처음에 불린 찹쌀에 소량의 물을 부어 볶아주는데 육수가 충분하다면 처음부터 닭 육수를 넣어 끓여도 좋아요. 죽을 끓이면서 육수를 추가하면서 끓여주세요.

밥버거

"

저와 같은 부모님 세대들이 대학 시절에 많이 먹었던 밥버거를 떠올리며 만든 메뉴입니다. 쉽게 구할 수 있는 재료를 활용해 밥버거를 만들었어요. 영양 만점의 밥버거는 든든한 간식으로도 추천드리는 메뉴입니다.

재료 1회분

□ 떡갈비 1개(40g) □ 애호박 10g □ 당근 10g □ 양파 10g □ 계란 1개
□ 구운 김 2g(1장) □ 아기치즈 1장 □ 밥 100g(한 주걱) □ 아기소금 1꼬집 □ 참기름 조금

1. 양파, 당근, 애호박은 잘게 다지고 구운 김은 잘게 부숴주세요. 계란은 흰자와 노른자를 분리해주세요.

2. 팬에 소량의 기름을 둘러 당근, 양파, 애호박을 약 1분 30초간 볶아주세요.

3. 기름을 둘러 떡갈비를 굽고 계란의 흰자와 노른자 지단을 부쳐주세요.

4. 볼에 밥과 볶은 야채, 김가루를 담고 아기소금 1꼬집과 참기름을 넣어 섞어주세요.

5. 밥을 두 개로 나눠 꾹꾹 눌러 뭉친 후 동그랗고 납작하게 눌러주세요.

6. 밥 사이에 계란 흰자, 노른자 지단과 떡갈비, 아기치즈를 넣어주세요.

7. 랩으로 감싸 모양을 잡아주세요. 약 10분 후 모양이 잡히면 랩을 풀어주세요.

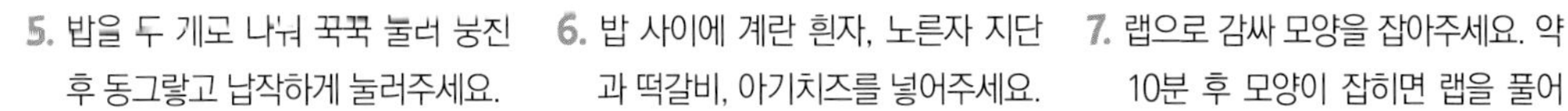

- 떡갈비 만드는 법은 208p를 참고하세요.
- 밥은 꾹꾹 눌러 뭉친 후 납작하게 눌러야 풀어지지 않아요. 떡갈비, 계란, 아기치즈를 넣었는데 속재료는 자유롭게 넣어도 좋아요.

버섯크림빠네파스타

"
집에서 특식으로 자주 만들어줬던 메뉴예요.
빠네빵과 비슷하게 생긴 모닝빵으로 빠네파스타를 만들었어요.
빵 속에 파스타를 넣어주니 신기해하며 빵 안에 들어있는
파스타를 콕콕 찍어보며 좋아했어요. 버섯 향 가득한
버섯크림소스로 파스타를 만들어주세요.
버섯을 맛있게 먹일 수 있어요.

□ 느타리버섯 10g □ 양송이버섯 10g □ 미니 새송이버섯 10g □ 양파 10g □ 베이컨 20g(1줄)
□ 우유 200ml □ 아기치즈 1장 □ 푸실리 면 20g □ 모닝빵 1개

1. 양파는 채썰고 베이컨은 10초간 데쳐 먹기 좋게 썰어주세요. 버섯은 종류별로 반은 먹기 좋은 크기로 썰고 반은 잘게 다져주세요.

2. 푸실리를 약 10분간 삶아 건져내 체에 밭쳐 물기를 빼주세요.

3. 팬에 기름을 둘러 양파와 베이컨을 약 2분간 볶아주세요.

4. 먹기 좋게 썰어놓은 버섯을 넣어 약 1분간 볶다가 다진 버섯을 넣어 약 1분간 같이 볶아주세요.

5. 우유 200ml를 붓고 끓어오르면 아기치즈를 넣어 녹여주세요.

6. 모닝빵 윗부분을 잘라 속을 파주세요.

7. 끓여놓은 소스에 푸실리를 넣어 약 3분간 더 끓여주세요.

TIP

- 버섯의 식감을 살리고자 반은 잘게 다지고 반은 먹기 좋게 썰었어요. 아이가 어리거나 버섯을 싫어한다면 아주 잘게 다져주세요. 한 종류의 썰기 방법으로 만들어도 좋아요.
- 푸실리 대신 아이가 잘 먹는 파스타 면으로 만들어도 좋아요.

반반카레(시금치카레, 옥수수카레)

"

한 가지 색의 카레는 이제 그만! 옥수수와 시금치로
예쁜 반반카레를 만들어보세요. 아이들은 두 가지 색의
카레를 보며 즐거워하며 먹을 거예요. 시금치카레는
시금치 맛이 전혀 나지 않아서 시금치를 먹이기에
좋은 메뉴입니다. 옥수수카레는 옥수수가 알알이 씹히는 게
재미있고 맛있어요. 한 가지씩 만들어줘도 인기 만점!

시금치카레

1회분

□ 양파 30g □ 시금치 30g □ 우유 100ml □ 카레가루 1큰술가락

1. 시금치는 뿌리를 제거하고 양파는 채썰어주세요.

2. 팬에 기름을 둘러 양파를 약 3분간 볶아주세요.

3. 시금치를 약 30초간 데쳐주세요.

4. 데친 물을 버리고 소량의 물과 함께 핸드블렌더나 믹서기로 시금치를 갈아주세요.

5. 볶은 양파를 섞어주세요.

6. 우유 100ml, 카레가루 1큰술가락을 넣고 약 3분간 잘 섞으며 끓여주세요.

TIP

4번 과정에서, 소량의 물은 시금치가 잘 갈리지 않을 경우에 추가해주세요.

옥수수카레

1회분

□ 스위트콘(혹은 옥수수알) 40g □ 당근 10g □ 양파 15g □ 카레가루 1큰숟가락
□ 물 50ml □ 우유 100ml

1. 옥수수는 체에 밭쳐 물기를 제거하고 당근과 양파는 작게 깍둑썰어주세요.

2. 냄비에 기름을 둘러 당근과 양파를 약 1분간 볶아주세요.

3. 물 50ml를 부어 약 3분간 끓여주세요.

4. 옥수수, 우유 100ml, 카레가루 1큰숟가락을 넣고 약 3분간 잘 섞으며 끓여주세요.

TIP

카레 속 재료는 자유롭게 준비해주세요.

밥케이크

"
우리 아이들의 100일 기념일은 참 특별한 날이죠.
100일, 200일까지는 챙기다가도 돌이 지난 시점부터는
100일 단위로 모두 챙기기엔 힘들고, 또 안 챙기기도
애매하지 않나요? 400일, 500일 등등의 기념일에
엄마표 밥케이크를 만들어보세요. 집에 있는 재료로 만들 수
있으면서도 특별한 날의 기록이 될 거예요.

□ 밥 150g □ 당근 20g □ 계란 노른자 1개 반 □ 애호박 20g □ 소고기 다짐육 20g
□ 딸기 □ 바나나

소고기 양념 ■ 아기간장 0.5티스푼 ■ 올리고당 0.5티스푼

밥 양념 ■ 아기간장 0.5티스푼 ■ 참기름 조금

1. 당근, 애호박은 잘게 다지고 소고기 다짐육은 키친타월로 핏물을 빼주세요. 계란은 약 12분간 삶아 흰자와 노른자 분리 후 노른자를 으깨주세요. 바나나는 모양 틀로 찍어 모양을 내도 좋아요.

2. 밥에 아기간장 0.5티스푼과 참기름을 섞어주세요.

3. 당근, 애호박, 소고기 다짐육을 각각 다른 팬에 기름을 둘러 볶아주세요. 소고기 다짐육에만 아기간장과 올리고당을 0.5티스푼씩 넣어 볶아주세요.

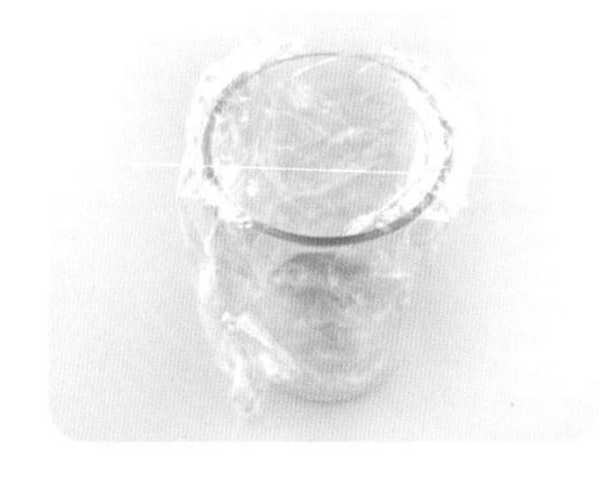

4. 만들고 싶은 케이크 크기와 모양의 용기를 준비한 후 안에 랩을 깔아주세요.

5. 용기 안에 밥-당근-밥-노른자-밥-애호박-밥-소고기 다짐육-밥 순서로 차례대로 재료를 넣어주세요.

6. 랩을 들어올린 다음, 접시를 받치고 거꾸로 엎어주세요. 용기를 들어올린 다음 랩을 제거해주세요.

7. 딸기를 가운데에 올리고 바나나를 가장자리에 놓아주세요. 딸기가 나오지 않는 철에는 다른 과일로 데코해주세요.

TIP

- 용기의 크기에 따라 들어가는 재료의 양이 달라요. 위 재료의 양은 참고만 해주세요. 투명한 용기에 만들어야 재료가 층층이 잘 쌓이는지 볼 수 있어 만들기가 쉬워요. 케이크 안쪽은 완성 후 밖에서 보이지 않지만 가장자리가 보이기 때문에 촘촘하게 재료를 꾹꾹 눌러 담아야 예쁜 밥케이크를 완성할 수 있어요.
- 밥을 먹을 때는 과일을 빼고 모두 비벼 비빔밥으로 만들어주세요.

아기초밥

“

아이는 날생선을 섭취하기에는 조심스러워서 초밥을 먹지 못한다는 슬픈 현실. 날생선이 아닌 아이가 먹을 수 있는 재료들로 만든 초밥입니다. 단촛물 대신 아기간장과 참기름으로 밥에 양념을 더해 만들어요. 알록달록 색감이 예쁘고 맛도 좋아 특별한 날이나 나들이를 갈 때 도시락으로 싸도 좋겠죠?

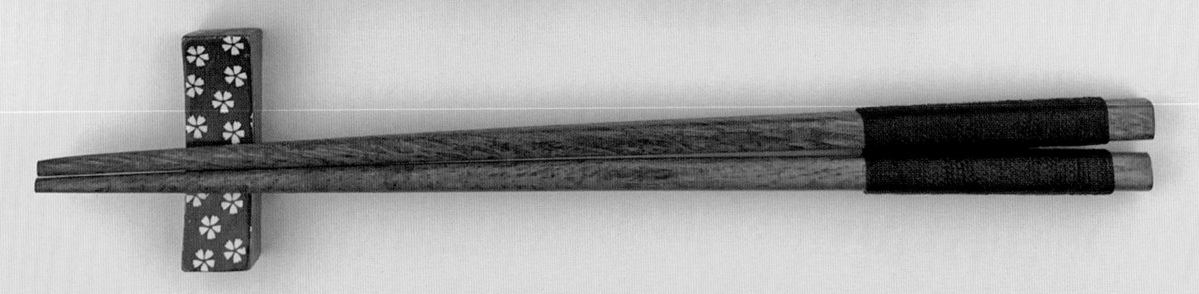

재료 1회분

☐ 오이 5g ☐ 마요네즈 0.5티스푼(오이용) ☐ 당근 5g ☐ 계란 1개 ☐ 밥 100g(한 주걱)
☐ 설탕 1꼬집(계란말이용) ☐ 구이용 소고기 10g ☐ 어묵 5g ☐ 크래미 5g ☐ 구운 김

밥 양념 ■ 아기간장 0.5티스푼 ■ 참기름 조금

1. 오이와 당근은 잘게 다지고 계란 1개는 풀어주세요. 어묵과 소고기는 만들 초밥 크기의 2개 분량의 재료를 준비해주세요. 김은 얇은 띠와 두꺼운 띠 두 종류로 자르고 크래미는 빨간 부분을 잘라 준비해주세요.

2. 팬에 소량의 기름을 둘러 당근을 약 30초간 볶아주세요.

3. 계란물에 설탕 1꼬집을 섞은 후 팬에 기름을 둘러 계란말이를 만들어주세요.

4. 어묵, 크래미는 물에 살짝 데치고 소고기는 기름을 둘러 구워주세요.

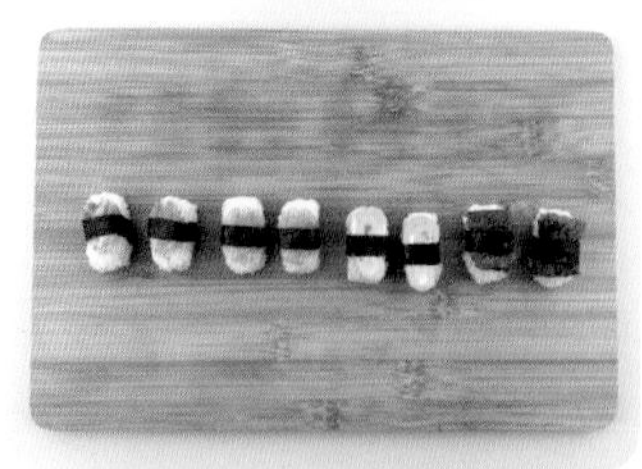

5. 밥에 아기간장 0.5티스푼과 참기름을 넣어 섞어주세요. 다진 오이는 마요네즈를 넣어 섞어주세요. 어묵과 크래미는 물고기 모양의 틀로 찍거나 틀이 없다면 직사각형 모양으로 잘라주세요. 소고기는 직사각형 모양으로 썰고 계란말이는 얇게 잘라주세요.

6. 밥을 약 10g씩 소분하여 동그랗고 길쭉하게 뭉쳐주세요. 재료를 올리고 김띠로 말아주세요.

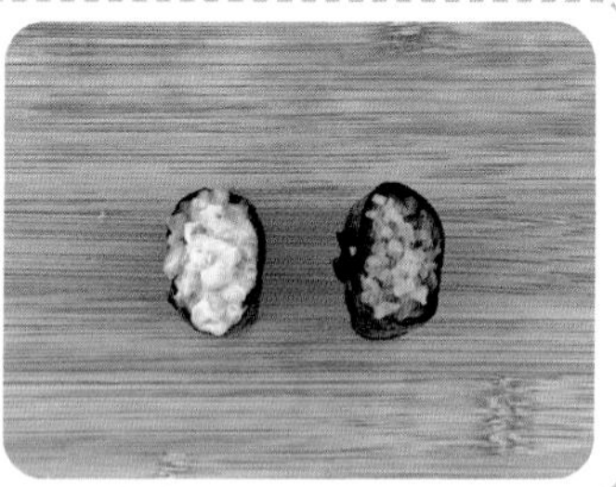

7. 뭉쳐 놓은 밥을 놓고 밥 주변으로 김을 세워서 두른 다음, 오이와 당근을 올려 김군함말이를 만들어주세요.

TIP

물고기 모양의 모양 틀이 있으면 조금 더 그럴듯한 아기용 초밥을 완성할 수 있어요. 아이가 좋아하는 반찬을 올려서 만들어도 좋아요.

중식세트(짜장밥, 멘보샤, 표고탕수육)

“
집에서 멘보샤와 탕수육 만들기, 어렵지 않아요.
아이에게 건강한 중화요리를 먹이고 싶다면 이 중식세트를
만들어보세요! 단독으로 한 가지씩 만들어줘도 인기만점인
메뉴들이에요. 돼지고기 대신 표고버섯으로 탕수육을 만들었는데
시은이 아빠가 돼지고기 탕수육보다 더 맛있는 표고탕수육이라고
극찬해줬답니다.

짜장밥

1회분

□ 물 150ml □ 돼지고기 다짐육 30g □ 당근 10g □ 애호박 10g □ 양파 10g
□ 짜장가루 1큰숟가락 □ 메추리알(혹은 계란) 1개 □ 오이 10g □ 밥 100g(한 주걱)

1. 당근, 애호박, 양파는 작게 깍둑썰고 돼지고기 다짐육은 키친타월로 핏물을 빼주세요. 고명용 오이는 모양 틀로 찍어주세요. 모양 틀이 없다면 채썰어주세요.

2. 냄비에 기름을 둘러 돼지고기 다짐육, 당근, 애호박, 양파를 넣고 약 1분간 볶아주세요.

3. 물 150ml를 붓고 약 5분간 끓이다가 짜장가루를 넣고 저으며 알맞은 농도가 될 때까지 끓여주세요.

4. 팬에 기름을 둘러 메추리알 프라이를 부쳐주세요. 그릇에 밥을 담고 짜장소스를 붓고 메추리알 프라이와 오이 고명을 올려주세요.

멘보샤

2회분

☐ 새우 20g(2마리) ☐ 식빵 1개 ☐ 애호박 3g ☐ 당근 3g ☐ 양파 4g
☐ 전분가루 1큰숟가락 ☐ 계란 흰자 1큰숟가락 ☐ 파슬리가루(선택)

1. 새우와 야채는 잘게 다져주세요. 식빵은 테두리를 잘라내고 9등분하여 8개를 준비하고 계란은 흰자를 분리해주세요.

2. 팬에 소량의 기름을 둘러 당근, 애호박, 양파를 약 1분간 볶아주세요.

3. 볼에 다진 새우, 볶은 야채, 전분가루 1큰숟가락, 계란 흰자 1큰숟가락을 넣어 섞어주세요.

4. 식빵 사이에 새우반죽을 넣어주세요.

5. 식빵 앞뒷면에 기름을 바르고 에어프라이어에 넣어 180도로 약 10분간 구워주세요.

6. 먹기 전에 파슬리가루를 뿌려주세요.

TIP

- 멘보샤는 기름에 튀겨도 되지만 식빵을 기름에 튀기면 기름을 왕창 흡수해요. 튀긴 식빵은 느끼해서 아이에게 먹이기에는 부담스러워요. 에어프라이어 사용을 추천드려요.

표고탕수육

1~2회분

□ 표고버섯 30g(1개) □ 튀김가루 □ 물

소스 재료 ■ 파프리카(빨강 5g, 노랑 5g) ■ 오이 10g ■ 당근 10g ■ 양파 10g ■ 전분물 2티스푼

소스 양념 ■ 물 100ml ■ 케첩 1티스푼 ■ 아기간장 1티스푼 ■ 설탕 1티스푼

1. 표고버섯은 밑동을 제거하고 길쭉하게 잘라주세요. 파프리카와 양파는 깍둑썰고 오이와 당근은 반달로 썰어주세요. 전분가루와 물을 1:1 비율로 섞어 전분물을 만들어주세요.

2. 냄비에 오이, 당근, 파프리카, 양파를 넣고 분량의 소스 양념을 넣어 약 5분간 끓여주세요.

3. 전분물을 1티스푼씩 넣어보면서 농도를 맞춰주세요.

4. 잘라놓은 표고버섯에 튀김가루-반죽물(튀김가루+물) 순서로 튀김옷을 입혀주세요.

5. 팬에 기름을 넉넉하게 붓고 예열 후 표고버섯을 튀겨주세요. 먹기 전 소스를 부어주세요.

TIP

- 표고탕수육은 먹기 전에 한입 크기로 잘라주세요.
- 개월 수가 적은 아이들은 소스를 생략해도 좋아요. 소스를 만들 때 전분물은 한 번에 넣지 말고 소량씩 나눠서 넣어 농도를 맞춰주세요.

햄버거세트(햄버거, 콘샐러드와 감자튀김)

"
어린이날 특식으로 만들어줬던 메뉴들이에요.
시판용 햄버거와 감자튀김은 자극적이고 염분이 많아
아이에게 줄 수 없어요. 특별한 날에는 집에서
건강한 엄마표 햄버거세트를 만들어보세요.

햄버거

1회분

□ 떡갈비 40g □ 모닝빵 1개 □ 로메인상추 1장 □ 방울토마토 1개 □ 아기치즈 1장
□ 마요네즈 1티스푼 □ 돈가스 소스 1티스푼(선택)

1. 모닝빵은 가로로 반을 자르고 방울토마토는 얇게 썰어주세요. 떡갈비는 해동하고 로메인상추를 모닝빵보다 조금 큰 크기로 잘라주세요.

2. 팬에 기름을 두르고 떡갈비를 구워주세요.

3. 모닝빵 안쪽 면에 마요네즈와 돈가스 소스를 얇게 발라주세요.

4. 로메인상추를 깔고 그 위에 떡갈비, 방울토마토, 아기치즈를 차례대로 쌓아 올려주세요.

5. 재료가 움직이지 않도록 꼬지를 꽂아주세요.

TIP

- 수제 떡갈비를 사용했어요. 만드는 법은 208p를 참고하세요.
- 개월 수가 적은 아이들은 돈가스 소스는 생략해도 좋아요.

콘샐러드와 감자튀김

1회분

□ 스위트콘(혹은 옥수수알) 20g □ 당근 5g □ 오이 5g
□ 마요네즈 2티스푼 □ 감자 30g □ 파슬리가루(선택)

1. 옥수수는 체에 밭쳐 물기를 빼고 오이와 당근은 잘게 다져주세요. 감자는 도톰하게 썰어 약 15분간 물에 담가 전분기를 빼주세요.

2. 볼에 당근, 오이, 옥수수를 넣고 마요네즈 2티스푼과 섞어주세요.

3. 감자는 물기를 제거한 후 팬에 기름을 넉넉하게 붓고 약 3분간 튀겨주세요. 튀긴 후에 파슬리가루를 뿌려주세요.

분식세트(궁중떡볶이, 꼬마김밥, 꼬치어묵랑)

"
분식을 만들 때 자주 만들어주곤 했던 3종 세트 메뉴입니다.
세 가지를 세트로 하여 식사용으로 만들어도 좋고
단일 메뉴를 간식으로 만들어도 좋아요.

궁중떡볶이

3회분

□ 조랭이 떡 100g(20개) □ 불고기용 소고기 40g □ 대파 5g □ 양파 20g □ 당근 10g
□ 물 200ml □ 통깨 □ 참기름 조금

양념 ■ 다진 마늘 3g ■ 아기간장 3티스푼 ■ 올리고당 2티스푼

1. 소고기는 키친타월로 핏물을 제거하고 조랭이 떡은 30분간 물에 불려주세요. 마늘은 다지고 양파와 당근은 채썰고 대파는 송송 썰어주세요.

2. 팬에 기름을 둘러 소고기를 약 1분간 볶아주세요.

3. 당근, 양파, 대파를 넣어 약 2분간 볶아주세요.

4. 물 200ml와 떡, 분량의 양념을 넣어 약 5분간 끓여주세요.

5. 떡이 익으면 가스 불을 끄고 참기름과 통깨를 뿌려주세요.

TIP

• 궁중떡볶이는 조랭이 떡 대신 떡국 떡이나 떡볶이용 떡으로 만들어도 좋아요.

꼬마김밥

1회분

☐ 시금치 30g ☐ 아기소금 1꼬집(시금치 양념용) ☐ 계란 1개 ☐ 당근 10g
☐ 밥 100g(한 주걱) ☐ 김밥용 김 1장 ☐ 참기름 조금 ☐ 아기간장 0.5티스푼(밥 양념용) ☐ 통깨

1. 김밥용 김은 4등분하고 당근은 채썰고 계란은 풀어주세요.

2. 시금치는 약 40초간 끓는 물에 데친 후 건져내 손으로 꾹 짜서 물기를 제거해주세요. 아기소금 1꼬집과 참기름, 통깨를 넣어 조물조물 무쳐주세요.

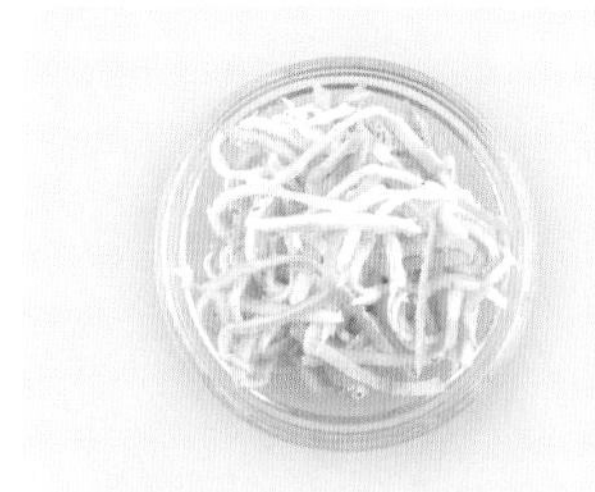

3. 팬에 기름을 둘러 계란 지단을 부쳐서 채썰고, 당근은 볶아주세요.

4. 밥에 아기간장 0.5티스푼과 참기름, 통깨를 넣어 섞어주세요. 김을 깔고 밥과 재료를 올려 말아주세요.

5. 먹기 좋게 썰어주세요.

TIP

• 꼬마김밥 안의 재료는 아이가 좋아하는 재료를 활용하여 다양하게 만들어주세요.

꼬치어묵탕

2회분

□ 멸치다시마 육수 500ml □ 어묵 80g(2장) □ 무 80g □ 다진 마늘 2g □ 대파 10g
□ 아기간장 1티스푼

1. 어묵은 꼬치에 꽂기 적당하게 등분하고 무는 나박썰기를 해주세요. 마늘은 다지고 대파는 송송 썰어주세요.

2. 어묵을 끓는 물에 약 30초간 데친 후 체에 밭쳐 물기를 빼주세요.

3. 멸치다시마 육수를 약 10분간 끓여주세요.

4. 멸치와 다시마를 건져내고 무를 넣어 약 10분간 끓여주세요.

5. 다진 마늘과 아기간장 1티스푼을 넣어 약 3분간 끓여주세요.

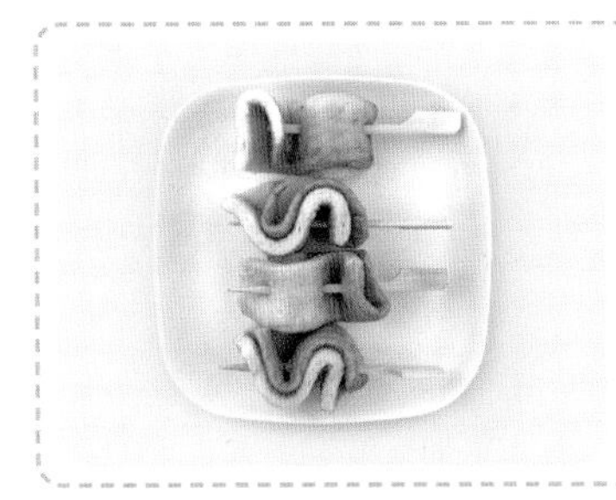

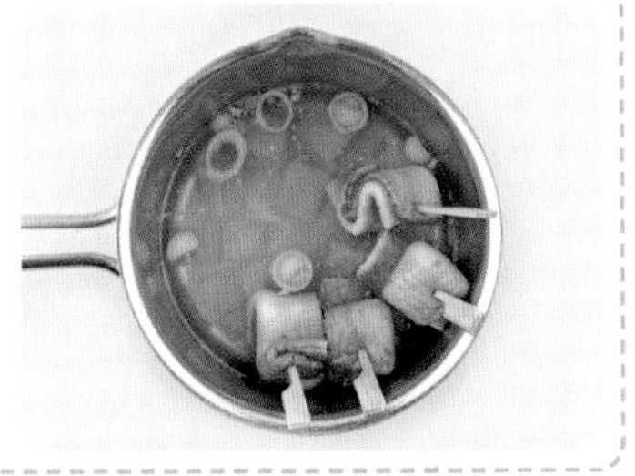

6. 꼬치에 어묵을 끼우고 대파와 함께 육수에 넣어주세요. 어묵에 육수를 부어가며 약 5분간 더 끓여주세요.

TIP

• 어묵을 꽂을 때 사용한 꼬치는 다이소에서 구매했어요. 끝이 뾰족하니 먹기 전에 끝을 꼭 잘라주세요.

* 아래의 달력에 1달치 식단표를 직접 짜서 활용해보세요!

MON	TUE	WED	THU	FRI	SAT	SUN